KB269796

수학으로 우주 제패

수학으로 우주 제패

수학이 밝히는 광활한 **우주의 신비와 낭만**

사쿠라이 스스무 지음 ★ **정미애** 옮김

살림Math

여행을 떠나기에 앞서

이 세상에서 성능이 가장 뛰어난 엔진은 무엇일까? 그것은 바로 태어날 때부터 인간에게 탑재된 '사고(思考) 엔진'이다.

그 어떤 것도 따라오지 못할 만큼 뛰어난 성능을 자랑하는 이 사고 엔진은 어느 누구도 눈으로 볼 수는 없지만 시동을 건 사람을 목적지까지 정확하게 데려다 준다. 또한 사고 엔진은 눈으로 볼 수 없는 세계, 손으로 만질 수 없는 세계, 소리로 들을 수 없는 세계, 그림으로 그릴 수 없는 세계, 로켓으로도 가지 못 하는 세계와 같이 오감으로는 그 존재를 확인할 수 없는 세계까지 우리를 실어다 준다.

인간이 이동하기 위한 수단으로 개발된 제트엔진을 탑재하더라도 로켓이 날아갈 수 있는 거리는 한정되어 있다. 태어난 지 137억 년 된 우주는 우리가 상상할 수 없을 만큼 광활하다. 그런 만큼 수명이 백 년에도 미치지 못하는 인간이 광자 엔진을 개발했다 하더라고 이동할 수 있는 거리는 몇백 광년 떨어진 별이 고작이다.

　사고 엔진은 배기 가스도 전혀 내뿜지 않고 작동한다. 이 최고의 엔진에 시동을 거는 스위치는 다름 아닌 우리 마음속 '의지' 이다. 의지가 강하면 강할수록 엔진의 회전수는 증가한다. 수학자와 물리학자들은 이 사고 엔진을 총 가동하여 무한하며 보이지 않는 세계로 뛰어들었다.

　인류의 어머니 우주의 구조를 알아내기 위해 도전하는 것만큼 흥미진진한 일이 또 있을까? 우주의 수수께끼를 풀었을 때 말로 다 표현하지 못할 만큼 벅찬 감동과 성취감이 밀려올 것이다. 신비로움으로 넘쳐나는 우주로 모험 여행을 떠나고 싶지 않은가.

　지금이야말로 우리 마음속에 있는 사고 엔진의 스위치를 누를 때이다. 수수께끼에 도전해 해답을 찾으려는 의지가 강할수록 사고 엔진은 더욱 힘차게 움직인다.

　모두 함께 드넓은 미지의 세계로 여행을 떠나자.

차 례

CONTENTS

1

지금 이 자리에서
우주를 제패하는 방법

001

✿ 우주 여행은 인류에게 장밋빛 꿈인가?

우주 제패, 이 말을 듣고 사람들은 어떤 이미지를 떠올릴까. 공상 과학 만화영화를 좋아하는 사람이라면 로봇들이 우주를 무대로 치열하게 전투를 벌이는 이야기를 떠올릴 것이다. 아니면 전 우주를 지배하려는 야심을 품은 탐욕스러운 제국군이 지구를 침략해 오자 지구 연합군이 우주선과 로켓으로 맞서 싸우는 장면이 생각날지 모른다. 하지만 내 머릿속에서 우주 제패는 전혀 다른 그림으로 다가온다.

나는 '우주 시대'라고 불릴 만한 시기에 태어났다. 내가 태어난 이듬해인 1969년에 아폴로 11호가 인류 최초로 달에 착륙했고, 그때 중학생이었던 나는 텔레비전을 통해 우주 탐사선(유인 우주선)의 첫 달 착륙을 지켜보았다. 물론 〈우주 전함 야마토〉라든가 〈은하철도 999〉와 같은 만화영화의 열렬한 애호가이기도 했다.

생각해 보면 20세기 과학은 공상 과학 만화영화에 등장하는 세계를 실현하는 과정에서 발전해 온 듯하다. 인간이 달 표면을 걷고, 화성이나 수성, 목성에 우주 탐사선을 보내는 일은 오랜 세월 동안 공상 과학의 세계에서나 가능한 일이었다. 그러나 20세기에 그 꿈이 드디어 현실로 나타났다.

21세기에 들어선 지금도 공상 과학의 꿈을 실현하기 위한 연구가 계속되고 있다. 이제 인류는 우주 여행 시대를 눈앞에 두고 있으며 여행사들은 이미 우주 관광 상품을 판매하고 있다.

우주 시대에 살고 있는 세대라면 가히 두 손 들어 환영할 만한 일이다. 하지만 과연 이것이 마냥 반갑기만 한 일일까.

공상 과학 소설(SF)이나 공상 과학 만화영화에서나 가능했던 일을 실제로 즐길 수 있다는 것은 물론 좋은 일이다. 하지만 막대한 돈을 쏟아 붓고 큰 위험을 무릅쓰면서까지(우주 비행에 성공하기까지 실제로 많은 우주인들이 사고나 실수로 목숨을 잃는다) 우주 왕복선을 타고 우주로 날아가는 일이 무슨 의미가 있을까.

나는 우주에 가고 싶다는 생각을 해보지 않았다. 우주 비행은 자금과 자원의 낭비이며 우주 공간에 배기 가스를 마구 뿜어 댐으로써 우주의 환경을 더럽히는 일일 뿐이다. 자신들의 터전인 지구조차 전쟁과 환경 파괴로 위기에 빠뜨린 인간이 우주를 여행할 여유와 권리를 주장하는 것은 이치에 맞지 않는다. 정작 자신들이 사는 별인 지구의 평화도 지키지 못하는 사람들이 무턱대고 우주로 날아가는 것을 과연 장밋빛 꿈이라고 할 수 있을까.

❀ 평화롭지 않은 지구에서 도라에몬*은 위험천만한 존재

공상 과학의 세계를 친근하게 느끼고 인간이 우주에 존재하는 수많은 생명체 중 하나라고 생각하는 데는 실제 우주 비행이나 우주 개발보다 만화 주인공 '도라에몬'이 훨씬 가깝게 와 닿는다.

도라에몬이 실제로 존재한다면, 그리고 그 도라에몬이 주머니에서 여러 가지 도구를 만들어 낸다면 얼마나 흥미진진할까. 도라에몬을 만들려면 우선 엄청난 수학 및 물리학적 난관을 해결해야 하지만 말이다.

그러나 과학 기술을 개발하기에 앞서 실행해야 할 것이 바로 '평화'라는 두 글자다. 지구 전체에 진정한 평화가 깃들기 전까지는 그 누구도 도라에몬을 만들어서는 안 된다. 평화롭지 않은 지구에 도라에몬이 등장한다면 악한 인간들이 그것을 이용함으로써 엄청나게 위험한 결과를 초래할 수 있기 때문이다.

이러한 사실은 20세기 과학의 역사가 증명해 주고 있다. 20세기에 접어들어 인류는 과학의 힘을 빌려 여러 가지 유용한 장치와 도구, 무기 등을 만들어 냈다. 가장 대표적인 것들이 로켓과 우주선, 그리고 핵폭탄을 비롯한 대량 살상 무기다. 하지만 문득 정신을 차

---

* 도라에몬 : 후지코 F. 후지오(藤子 F. 不二雄)의 공상 과학 만화 제목이자 등장인물의 이름. 22세기에서 온 고양이형 로봇 도라에몬은 배에 달린 4차원 주머니에서 온갖 도구를 꺼내 실수투성이 초등학생 노비 노비타를 도와준다.

기원전	바빌로니아 칼데아인, 정확한 천체 관측을 통해 12개의 별자리 만듦
2세기 전반	프톨레마이오스, '천동설'(우주의 중심에 지구가 있으며 태양을 비롯한 모든 행성이 지구 주위를 공전한다는 이론) 주장
1543년	코페르니쿠스, '지동설'(태양이 우주의 중심에 있으며 지구를 비롯한 다른 행성들이 태양 주위를 공전한다는 이론) 발표
1609년	갈릴레오 갈릴레이, 망원경으로 천체를 관측한 뒤 지동설 주장
1609~1619년	요하네스 케플러, 행성의 운동에 관한 세 가지 법칙인 케플러의 법칙 발표
1665년	뉴턴, 만유인력 발표
1682년	에드먼드 핼리, 혜성(핼리 혜성)의 출현 예측
1905년	아인슈타인, 특수상대성이론 발표
1916년	아인슈타인, 일반상대성이론 발표
1957년	인류 역사상 최초의 인공위성 스푸트니크 1호 발사 성공
1958년	미국항공우주국(NASA) 설립
1961년	인류 역사상 최초의 유인 인공위성 보스토크 1호 발사 성공
1969년	아폴로 11호, 인류 역사상 최초로 달 착륙 성공

려 보니 인류는 자신들이 발명한 것들로 스스로의 목을 조르며 버둥거리고 있었다.

이러한 상황은 우리 주변에서도 흔히 발견할 수 있다. 어느 날 사람들은 인터넷으로 전 세계를 연결할 수 있다면 어떻게 될까 생각해 보았다. 그렇게 되었을 때 어떤 문제가 생기고 사람들의 생활에 어떤 영향을 끼칠지에 대해서는 생각해 보지 않고 그저 재미 삼아

시도해 보았더니 실제로 전 세계가 연결되었다. 그러고 나서 생각 지도 못한 문제들이 발생하자 지금은 그 대책을 세우느라 고심하고 있다.

또 사람들은 우라늄을 만지작거리다 원자력을 발견하고는 막대한 에너지를 얻을 수 있다는 생각에 그만 앞뒤 생각 없이 덜컥 원자력발전소를 건설했다. 하지만 원자력발전소에서 나오는 핵폐기물을 최종적으로 어떻게 처리해야 할지 아직까지 결론이 나지 않고 있다.

인간의 생명에 관해서도 마찬가지다. 인간의 몸이 어떻게 이루어졌을까 호기심이 생긴 사람들이 세포를 연구하다 유전자를 발견했다. 유전자 암호를 전부 해독하는 데 성공하는가 싶더니 이번에는 맞춤아기*를 만들 수도 있다는 생각을 하기에 이르렀다. 희귀 질병을 치료하는 데 필요한 줄기세포를 얻을 수 있다는 긍정적인 주장이 있기는 하나 이것은 인간의 존엄성과 생명 윤리를 위협하는 우생사상**과 별반 차이가 없는 위험한 생각이다.

그러므로 도라에몽은 궁극적으로 지구상에 평화가 정착되지 않는 한 위험천만한 존재일 수밖에 없다. 하지만 지구에 진정한 평화가 찾아왔을 때 전 세계 사람들이 힘을 모아 도라에몽을 만든다면 인류가 이뤄 낸 뛰어난 지혜의 산물이 될 것이다.

---

* 맞춤아기(designer baby) : 희귀 질병을 치료할 수 있는 줄기세포를 얻기 위해 시험관 수정을 통해 질병 유전자가 없는 배아만을 골라 탄생시킨 아기. 처음에는 치료를 목적으로 했으나 향후 부모가 원하는 외모와 지능, 체력을 갖춘 아이를 탄생시킬 수도 있다는 생각에 이르렀다.

** 우생사상(優生思想) : 유전적으로 열등한 것은 제거하고 좋은 유전 형질만을 보존하여 자손의 자질을 향상한다는 사상. 독일 나치스가 저지른 유대인 대량 학살이 극단적인 우생 정책 사례로 꼽힌다.

이처럼 꿈과 낭만주의(romanticism)의 결정체와도 같은 도라에몬을 실현하기 위해서는 철저한 현실주의(realism)가 필요하다.

✸ 우주에 가지 않고도 우주를 제패한다?

자연을 자연 그대로 순수하게 감상하는 일과 수학을 하나의 학문으로서 순수하게 탐구하는 일 사이에는 공통점이 있다. 나는 그러한 수학을 되찾고 싶다.

순수한 학문으로서 수학을 통해 우리를 둘러싸고 있는 광활한 우주의 신비와 낭만을 느낄 수 있다면 그것이야말로 내가 생각하는 우주 제패이다. 우주 어딘가로 가지 않고도 지금 있는 이곳에서 우주를 생각하고 상상하는 것만으로 충분하다. 지구에 그대로 머물면서 우주와 연결하는 회로를 만드는 일이 내가 생각하는, 우주를 제패하는 일이기 때문이다.

이때 필요한 도구가 바로 수학이다. 수학은 자원을 낭비하지 않을 뿐 아니라 지구와 우주를 오염시키지도 않는다. 종이와 연필만 있으면 된다. 아니, 생각할 수 있는 머리만으로도 충분하다. 그러면 우주 왕복선을 타고 우주로 날아가지 않아도, 막대한 돈을 쏟아 붓지 않아도 우주를 제패할 수 있다.

그런데 '수학'이라는 두 글자만 들어도 얼굴을 찡그리는 사람이 많다. 학창 시절에 계산이나 수학 때문에 고생한 경험이 있기 때문일 것이다. 대학에서 수학을 전공해 일반 사람들보다 조금 더 깊이 수학을 배운 사람이 보기에도 학교에서 배우는 수학은 재미가 없다. 또 대부분의 수학 교사들의 수업 방식이 수학을 싫어하게 만든다.

사람들은 누구나 수학적인 재능을 가지고 있게 마련이다. 그런데 정작 학교에서 가르치는 수학이 그 재능을 짓밟고 있다. 수학 실력을 향상하거나 수학자가 되고 싶다면 학교를 그만두는 편이 낫다고 말하는 수학자들도 있다.

이 책에서는 학교에서 배우는 수학과는 확연히 다른 수학에 대해 이야기할 것이다. 수학적 사고가 어떤 것인지를 알아본 다음 그 수학적 사고를 이용해 우주를 탐험해 볼 것이다.

그런 만큼 수학을 싫어하는 문과 전공자들일수록 이 책을 더 많이 읽기를 바란다. 우리를 둘러싸고 있는 우주에 대해 상상하고 탐구하는 일은 까마득히 먼 옛날부터 철학이나 문학, 종교의 주요 주제였다. 수학이라는 도구를 이용해 그 주제를 한층 더 깊이 탐구할 수 있다면 문과 전공자들에게도 큰 기쁨이자 바람직한 일일 것이다. 세상을 더욱 깊이 이해하기 위한 새로운 경로와 구상이 완성되는 일이니 말이다.

002

✳ 내 손 안의 안드로메다 대성운

수학의 밑바닥에는 감동을 느끼고자 하는 인간의 욕구가 깔려 있다. 하나의 수식이 우주의 깊고 오묘한 진리를 말해 준다면 그 수식이 어떤 내용을 표현하고 있는 것인지 알고 싶지 않은가? 가령 A＝B와 같은 단순한 수식이 우주를 나타내는 방정식이라면 그것만으로도 감동적일 것이다.

수학은 우리에게 실로 많은 것을 말해 준다. 왜 수학을 공부하느냐고 묻는다면, 수학은 '무한'과 '진리' 그리고 '영원', '사랑', '진선미'를 구현하기 때문이라고 대답하겠다. 세상 모든 사람이 단 하나의 신을 믿을 수는 없겠지만 수학이라는 공통언어를 사용한다면 불가능한 일도 아니다.

미래에 우주 어느 별의 우주인이 지구를 찾아온다면 수학이 서로의 지적 수준을 가늠하는 도구가 될 것이다. 수를 어떻게 표기하며 형태는 어떻게 파악하고 있는지 등으로 우주인과 의사소통을 할 수 있을 것이다. 그런 의미에서 수학은 전 우주의 공유재산이라고 할 수 있다.

수학적 사고를 이용하면 우주를 손바닥 위에 올려놓을 수 있다. 예를 들어 10cm의 선분이 있다고 하자. 그 선분 위에 점을 몇 개 찍은 다음 안드로메다 대성운을 떠올려 보자. 마찬가지로 안드로메다 대성운의 지름에도 점을 몇 개 찍어 본다. 10cm짜리 선분에 들어가는 점의 개수와 안드로메다 대성운의 지름에 들어가는 점의 개수 중 어느 쪽이 더 많을까. 당연히 안드로메다 대성운쪽이 더 많다고 생각할 것이다. 하지만 놀랍게도 두 경우 실제 들어 가는 점의 개수가 똑같다.

믿어지지 않는다면 그림을 보고 다시 한 번 생각해 보자. 점 A는 A′에, 점 B는 B′에 대응한다. 이러한 대응 관계는 끊임없이 계속되므로 각각 두 선분에 들어가는 점의 개수는 동일하다.

따라서 어마어마한 안드로메다 대성운도 손바닥 위에 사뿐히 올려놓을 수 있다. 손바닥에 그린 10cm짜리 선분과 다를 바 없으니 말이다. 수학을 이용하면 굳이 로켓을 타고 우주에 가지 않아도 안드로메다 대성운이 내 손 안에 들어온다. 이것이 바로 우주를 제패하는 방법이다.

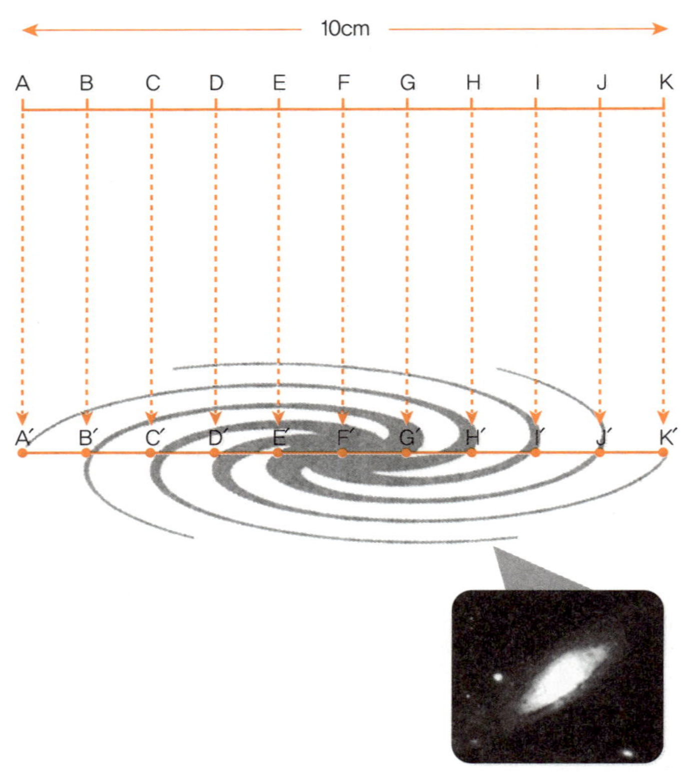

✿ 우주 제패는 무한을 유한으로 파악하는 것

이번에는 숫자를 이용해 생각해 보자. 1부터 10까지 자연수 중 짝수는 5개다. 그렇다면 자연수의 총 개수와 짝수의 총 개수 중 어느 쪽이 더 많을까? 짝수의 개수는 자연수의 절반이라고 생각하겠지만 이 역시 개수가 똑같다.

$$\text{자연수 } 1, 2, 3, 4, 5, 6, 7, 8, 9, 10, \cdots\cdots, n \rightarrow \infty$$
$$\text{짝수 } 2, 4, 6, 8, 10, \cdots\cdots\cdots\cdots\cdots\cdots, 2n \rightarrow \infty$$

자연수와 짝수는 둘 다 무한히 계속되므로 자연수의 총 개수와 짝수의 총 개수가 같다는 결론이 나온다. 이 논법에 숨어 있는 것이 바로 '무한'이라는 개념이다. 10cm짜리 선분에 들어가는 점의 개수와 안드로메다 대성운에 들어가는 점의 개수, 그리고 자연수와 짝수의 개수가 같은 것도 이 무한이라는 개념을 전제로 생각하기 때문이다.

이러한 사실은 일찍이 고대 그리스의 현인이라고 불리던 철학자와 수학자들도 알고 있었다. 소피스트(sophist, 기원전 5세기경 그리스 아테네를 중심으로 활약한 철학자들을 말하며, 후에 궤변학파라고 불리기도 했다.―옮긴이)의 문답 중 하나인 "날아가는 화살은 멈춰 있다."라든가 "A지점에서 B지점까지 가려 해도 영원히 도착할 수 없다." 또는 "아킬레스는 결코 거북을 따라잡지 못한다."와 같은 이야기는 공간이나 시간을 무한히 쪼갤 수 있다는 것을 전제로 설명할 수 있다.

수학으로 우주를 제패하는 일은 무한을 어떻게 유한으로 파악하느냐에 달렸다. 지구에 살고 있으면 평균 키 170cm에 평균 몸무게 60kg, 수명은 길어 봐야 100살에 지나지 않는 극히 유한한 존재인 우리 인간이 어떻게 무한을 손에 넣을 것인가가 바로 우주 제패의 마지막 열쇠다. 무한을 손에 넣는다면 우리는 지금 이 자리에서 우주를 제패할 수 있다.

✵ '모든'과 '있다'로 증명하는 논리학, 수학

수학은 수와 기호로 풀어 나가는 논리학이다. 그리고 논리적으로 증명된 이론이 '정리(定理)'이다. 정리의 기초는 '모든~(all)'과 "〔한 개의~〕가 있다.(exist)"이며, 이 두 가지가 표리를 이루어 수학의 정리를 구성한다. 참고로 '모든 x'를 기호로는 $\forall$x(for all of x), "〔한 개의〕 x가 있다."는 ∃x(There exists x)로 표기한다. 수학에서 '모든'과 '있다'는 지극히 중요하므로 그 의미를 엄밀하게 규정해야 한다.

일상적인 대화에서는 흔히 '거의 모든'을 '모든'의 의미로 말하곤 한다. 하지만 수학에서 '모든'이란 글자 그대로 '모든'이며, '거의 모든'은 '모든'이 아니다. 일상생활에서는 한두 가지 예외쯤 지나칠 수 있다. 하지만 수학계에서는 단 하나의 예외로 한바탕 소동이 벌어진다. 지금까지 옳다고 믿었던 사실이 단 하나의 예외로 사실이 아님이 판명되기 때문이다.

'모든'과 '있다'는 지구뿐 아니라 우주에까지 적용되어야 한다. 전 우주에서 그 의미가 일관되게 쓰이지 않는다면 수학에서 '모든'은 '모든'이 아니며 '있다'는 '있다'라고 할 수 없다. 예를 들어 공책에 그린 삼각형이건 막대기로 땅에 그린 삼각형이건, 또는 밤하늘에 떠 있는 별과 별을 이어 허공에 그린 삼각형이건 '삼각형의 내각의 합은 180°'라는 정리가 성립된다.

우주에 존재하는 모든 삼각형의 내각의 합을 실제로 측정할 수는 없지만 '삼각형의 내각의 합은 180°'라는 사실을 논리적으로 증명할 수 있는데, 이것이 수학에서의 '모든'이 지닌 힘이다.

✵ 수학과 물리학은 우주 제패를 위한 수레바퀴

수학은 우주를 제패하는 데 필요한 '이동 수단'이다. 인류의 역사와 함께 엔진을 개조해 온 수학은 특히 19세기와 20세기에 걸쳐 비약적으로 발전했는데 이와 맞물려 발전한 분야가 물리학이다.

수학과 물리학은 우주 제패를 향해 함께 굴러가는 수레바퀴와 같으며 서로 같은 대상을 다루는 경우도 많다. 예를 들어 "존재란 무엇인가?", "실체란 무엇인가?"라는 문제에 대해 수학은 수학적 접근으로, 물리학은 물리학적 접근으로 그 해답을 제시한다.

20세기 최고의 수학자 중 하나인 괴델(Kurt Gödel, 1906~1978)은 말로는 증명할 수 없는 세계나 존재가 있다는 사실을 '불완전성 정리'라는 수학적 논리를 통해 증명했다.

한편 물리학에서는 보어(Niels H. D. Bohr, 1885~1962)와 하이젠베르크(Werner K. Heisenberg, 1901~1976) 등 코펜하겐 학파의 학자들이 양자역학으로 존재의 불확실성과 실체의 가변성에 대해 고찰했다. 우리는 눈앞에 커피 잔이 있으면 커피 잔이 실제로 존재한다고 100% 믿는다. 하지만 양자역학에서는 99.99999……%의 확률로 커피 잔이 있다고 말한다. 즉 100% 존재할 수 없다는 것이다.

물질이 확률로 존재한다는 양자역학의 해석에 강하게 이의를 제기한 사람이 아인슈타인(Albert Einstein, 1879~1955)이다. 아인슈타인은 "존재하는 것은 존재하는 것이다."라고 주장했다. 그리고 "신은 주사위를 던지지 않는다."는 그 유명한 발언으로 양자역학을 반박했다.

아인슈타인의 말에 따르면 달이 있는 것은 그곳에 달이 있기 때문이다. 누가 보든 보지 않든 그곳에 존재하는 것은 분명한 사실이다. 하지만 보어 등 양자역학을 개발한 물리학자들은 달이 우리 중 누군가가 보기 때문에 존재한다고 주장했다. 관측하는 사람이 없다면 달이 있는지 없는지 알 수 없으며 관측하는 사람이 있기 때문에 비로소 물리적으로 존재하는 것이다. 그리고 원자와 소립자의 세계에서는 양자역학에서 주장하는 형태로 물질이 존재한다는 사실이 밝혀졌다.

수학과 물리학은 둘 다 수식과 기호를 이용해 공식이나 법칙을 나타내므로 형제와 같다고 할 수 있다. 하지만 아무리 사이좋은 형제라도 성격이 똑같지 않듯이 분명 다른 부분이 있다.

오해의 여지가 있지만 극단적으로 말해서 수학은 인간에게 의존하지 않는다. 예를 들어 원주율 π(파이)는 인간이 존재하든 존재하지 않든 3.14159265……로 정해져 있다. 반면 물리학은 양자역학 부분에서도 언급했지만 관측하는 사람이 없다면 사물의 존재를 확정하지 못한다. 달을 보는 사람이 없는 한 달은 존재하지 않는 것이다.

✿ 수학으로 연결된 우주와 인류

우주 제패라고 하면 아무래도 우주 공간을 떠올리게 되므로 물리학(우주물리학과 천체물리학)만 있으면 충분하리라 생각할 것이다. 하지만 사실 우주를 제패하는 데 수학은 필수불가결한 요소이다.

실제로 로켓을 이용해 우주라는 공간으로 날아가는 물리적 방법에는 흥미가 없는 나는 수학으로 우주를 제패하려고 한다. 따라서 수와 형태에 관한 수학적 사고를 통해 우주를 제패하는 방법을 소개하고 싶다.

결국 우리는 우리의 두뇌를 통해 비로소 우주를 제패할 수 있다. 우주는 아득히 먼 곳에 있는 것이 아니라 지금 여기 우리와 함께 있다. 우주는 우리의 두뇌 속에 존재한다. 다시 말해 우주를 탐구하는 일은 우리 자신을 탐구하는 일이기도 하다. 우리와 우주가 일대일로, 이 작은 뇌가 그토록 드넓은 우주와 일대일로 대응하고 있기에 직접 가지 않고도 우주를 연구하고 우주에 관한 법칙을 발견할 수 있는 것이다.

아인슈타인은 일찍이 이런 말을 했다.

"인간이 우주를 이해하는 것만큼 불가사의한 일은 없다."

관찰하거나 계산하고 사고하는 과정을 통해 인간이 우주를 이해할 수 있다는 점을 가장 신기하게 여긴 아인슈타인의 말을 내 방식대로 해석하면 이렇다.

우리의 생존 기반인 위대한 존재로서 우주가 한쪽에 있고, 또 다른 한쪽에 우리(의 두뇌)가 있다. 이 두 가지가 수학이라는 언어로 연결되어 있다니 참으로 불가사의하지 않은가.

하지만 생각해 보면 우리 자신 또한 우주의 일부분이므로 우리의 두뇌에 우주의 법칙이 깃들어 있다 해도 조금도 놀랄 일이 아니다. 그렇기에 우리는 그 법칙을 수학으로 표현할 수 있는 것이다. 즉 우리 두뇌 속에는 우주를 생각하기 위한 거푸집이 있으며 이를 깨닫는 순간 우리는 진정 우주와 하나가 된다. 그러니 우주를 알고자 로켓을 타고 대기권 밖으로 날아갈 필요가 없다.

10cm 선분에 들어가는 점의 개수와 안드로메다 대성운의 지름에 들어가는 점의 개수가 같은 것처럼 수학적으로 보면 우주와 인간은 동일한 존재이다. 아니, 그렇게 생각할 수 있는 인간의 두뇌가 오히려 우주보다 더 크다 하겠다. 우리의 두뇌 속에 우주가 담겨 있다.

이러한 사실을 깨닫고 감동을 느낄 수 있는 것은 어쩌면 이 세상에 태어난 자만이 누릴 수 있는 특권인지도 모른다.

2

삼각형에 숨겨진
신비한 힘

✿ 평면 위의 모든 직각삼각형에서 성립하는 피타고라스의 정리

그럼 이제 우주를 향해 신나는 여행을 떠나 보자. 수학과 함께 가끔 물리학의 힘을 빌리기도 하고, 머나먼 우주를 상상하거나 눈앞에 숫자나 도형을 그려 가며, 아득한 옛날로 거슬러 올라갔다 먼 미래로 날아가기도 하면서 마음껏 시공을 초월한 여행을 해보자. 우리의 두뇌에는 자유라는 생각의 날개가 달려 있으므로 어디든 갈 수 있다.

우선 기원전 6세기 고대 그리스부터 날아가 보자. 어떤 사람이 바닥에 깔린 직각이등변 삼각형 타일을 열심히 바라보고 있다. 그는 턱수염을 잡아당겼다 머리를 긁적거리다 하더니 이윽고 빙긋 웃으며 고개를 끄덕였다. 이 사람의 이름은 피타고라스(Pythagoras), 그

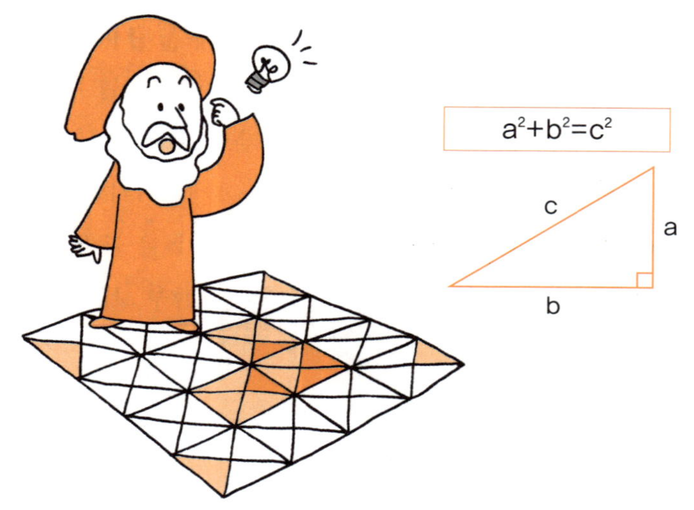

가 일정하게 배열된 타일을 보고 발견한 것이 바로 '피타고라스의 정리'이다.

우주 제패의 첫걸음으로 우선 중학교 수학 시간에 배운 피타고라스의 정리에 대해 생각해 보자.

$$a^2+b^2=c^2$$

직각삼각형에서 직각을 낀 두 변을 a와 b, 빗변을 c라고 할 경우, 세 변의 길이 사이에는 이와 같은 관계식이 성립한다. 피타고라스가 바닥의 타일을 보고 생각해 냈다는 이야기가 사실인지는 모르겠으나 주변의 친숙한 사물을 통해 수학적인 발견을 하는 좋은 사례라고 할 수 있다.

평면 위에 그린 모든 직각삼각형에서 피타고라스의 정리가 성립된다. 공책에 그린 삼각형이든 학교 운동장에 그린 커다란 삼각형이든 모두 $a^2 + b^2 = c^2$이다.

✿ 지구상에는 삼각형이 없다

잠깐 다른 이야기를 해보자. 일상적으로 무심코 삼각형이라고 말하지만 사실 수학에서 말하는 삼각형은 실제로 존재하지 않는다. 세 개의 직선으로 이루어진 삼각형을 연필이나 볼펜으로 그리면 그 '선'에 폭이 생기게 된다. 수학에서 말하는 선에는 폭이 있어서는 안 되며 길이만 있어야 한다. 따라서 그린 삼각형은 삼각형이되 삼각형이 아니다. '점'도 마찬가지다. 칠판이나 화이트보드에 점을 찍으면 면적이 생긴다. 하지만 수학에서 말하는 점은 위치만 있을 뿐 면적이 없다.

여기서 말하고 싶은 것은 수학에서 다루는 삼각형은 머릿속에서만 존재하는 삼각형이라는 사실이다. 플라톤의 표현을 빌리면 그것은 이데아(본질, 참다운 존재)의 삼각형이다.

마찬가지로 수학에서 말하는 직선과 평면 역시 지구상에는 실제로 존재하지 않는다. 평면의 정확한 의미는 무한히 펼쳐진 것인데, 그러한 것은 지구상 어디에도 없다. 하지만 우리 머릿속에는 있다. 우주 제패는 바로 이러한 사고를 거듭 훈련하는 과정에서 이루어진다.

✸ 삼각형은 도형의 세계에서 소수와 같은 존재

다시 피타고라스의 정리로 돌아가서, 여기에서 흔히 예로 드는 것이 3, 4, 5 세 자연수의 조합이다. $3^2 + 4^2 = 5^2$이니 딱 맞아떨어진다. 그렇다면 그 밖에 피타고라스의 정리를 충족하는 자연수의 조합을 한번 찾아보자.

피타고라스의 정리가 성립되는 자연수의 조합을 '피타고라스의 수'라고 한다. 직각삼각형이라는 '형태'에 대해 이야기하던 중 어느새 주제가 '수'로 바뀌었다. 수학에서는 이와 같은 일이 자주 일어난다. 형태(=기하)와 수(=대수)는 전혀 다른 별개의 대상이 아니라 밀접하게 연관되어 있다.

삼각형은 불가사의한 매력과 가능성을 지닌 형태이다. 어떤 형태든 삼각형으로 채울 수 있다. 수의 세계에서는 마치 소수(1과 자신 외에는 약수가 없는 수)와 같은 존재이다.

소수 이외의 모든 자연수가 소수의 곱으로 이루어지는 것처럼 모든 형태는 삼각형을 조합해 만들 수 있다. 완전하지는 않지만 원 역시 삼각형을 이용해 비슷하게나마 만들 수 있다.

| 문제 | 밧줄 하나를 가지고 직각을 만들어 보라.

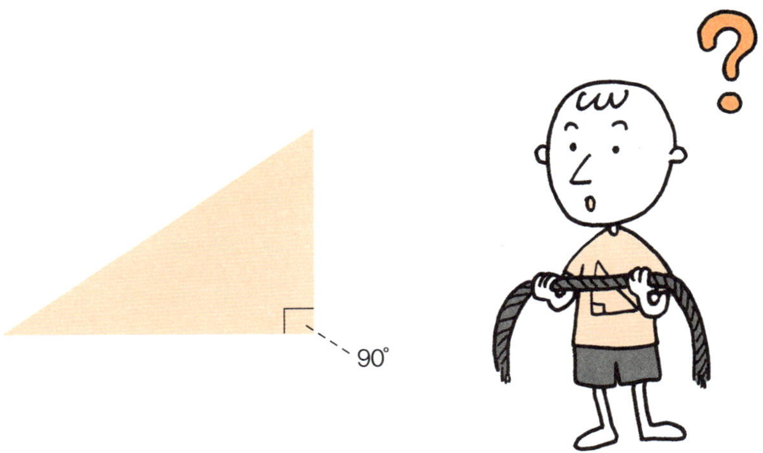

| 정답 | 밧줄에 같은 간격으로 매듭 12개를 만든다. 세 변의 길이를 각각 3:4:5 가 되도록 만들면 직각이 완성된다.

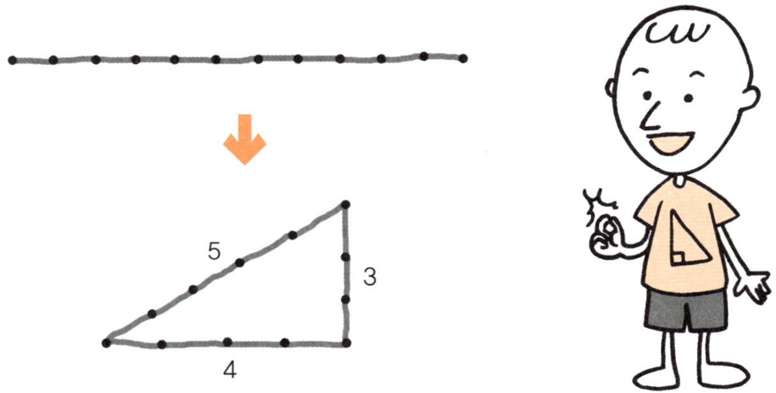

아주 독특한 인물이었던 피타고라스는 역사상 최초로 이름을 남긴 수학자이자, 수학으로 사물을 파악하고 여러 가지 현상에 수학을 적용한 선구자이다.

피타고라스는 피타고라스의 정리 외에도 형태나 수에 관해 수많은 사실을 발견했다. 예를 들어 '1+3+5+7+9+……' 와 같이 홀수를 연속으로 더했을 때 n번까지의 합은 n^2이 된다. 다섯 번째 홀수인 9까지 더하면 25가 되며 25는 5의 제곱이다. 여섯 번째 홀수인 11까지 더하면 36으로 6의 제곱, 일곱 번째인 13까지 더하면 49로 7의 제곱이 된다.

또한 6, 28, 496 등 자신을 제외한 약수의 합과 같은 자연수, 즉 '완전수'에 관해 연구하기도 했다. 그 밖에 '삼각형의 내각의 합이 180°'라는 사실을 발견한 사람 역시 피타고라스라는 설이 있으며, 음악에 있어서도 음정에 관해 '피타고라스의 음률'을 발견하기도 했다.

너무나 유명한 '만물(의 근원)은 수'라는 말을 남긴 것도 바로 피타고라스인데, 이것은 삼라만상, 모든 사상과 현상이 수에 근거한다, 즉 수에서 출발한다는 의미이다. 그래서 피타고라스는 '1은 이성(理性)', '4는 정의' 등과 같이 각 숫자에 특유의 의미와 신비성을 부여했다. 점술 등에서 쓰이는 수비술(數秘術)의 선구자 또한 피타고라스로 알려져 있다.

그리스 에게해 사모스 섬에서 태어난 피타고라스는 말년에 남부 이탈리아에서 단체를 만들어 제자들과 함께 수학과 철학 연구에 몰

피타고라스의 업적

✿ 피타고라스
Pythagoras, 기원전 582?~기원전 497?

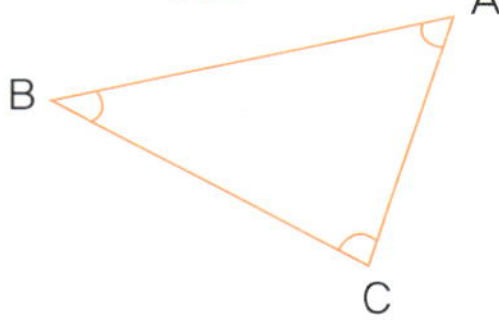

● 피타고라스의 정리

$$a^2 + b^2 = c^2$$

● '삼각형의 내각의 합은 180°'라는 사실을 발견

$\angle A + \angle B + \angle C = 180°$

● 완전수 연구

완전수란 1+2+3=6과 같이 자기 자신을 제외한 약수의 합이 자신과 똑같은 자연수를 말한다. 6 외에 28, 496, 8128 등이 있는데 지금까지 23개밖에 발견되지 않았다.

$$1+2+3=6$$
$$1+2+4+7+14=28$$

● 피타고라스 음률 발견

음정의 비율이 3 : 2로 이루어진 음률. 피타고라스는 음악 이론의 아버지로 불린다.

두했다고 전해진다. 이 단체를 피타고라스 학파 또는 피타고라스 교단이라고 하는데 연구 단체이자 종교 단체, 정치적 결사의 성격을 가지고 있었다. 특히 이곳에서 배운 가르침을 외부에 발설하는 일을 금기시했는데, 그 때문에 피타고라스의 정리를 비롯해 피타고라스가 발견했다고 알려진 것들이 사실 이 학파의 다른 누군가가 발견한 것이라는 설도 있다.

'만물은 수'라는 말은 이 책 마지막 부분에서 소립자 물리학과 제타함수의 관계를 설명할 때 다시 나온다.

한 가지 흥미로운 이야기가 있는데 바로 피타고라스가 살인을 저질렀다는 설이다. 피타고라스가 말한 '만물은 수'에서 수는 1, 2, 3, 4, 5…… 등의 자연수로 그는 무리수의 존재를 부정했다. 하지만 그가 발견한 피타고라스의 정리만 보더라도 무리수가 등장한다. 직각이등변 삼각형에서 직각을 낀 두 변의 길이가 1이면 빗변은 $\sqrt{2}$인데 이것은 분명 무리수다. 하지만 무리수를 인정하고 싶지 않았던 피타고라스는 그 사실을 발설한 제자를 낭떠러지에서 밀어 물에 빠져 죽게 했다고 한다. 그러나 이 이야기는 어디까지나 일설일 뿐이다.

002

인류의 위대한 발견, 삼각함수

직각삼각형에서 삼각함수로 건너뛰다

피타고라스의 관심을 끈 직각삼각형은 수학에 가장 많은 공헌을 한 형태인데, 그중 하나가 삼각함수에 응용된 것이다. 직각삼각형은 하나의 각이 반드시 90° 이므로 남은 두 개의 각 중 하나의 크기가 정해지면 다른 각의 크기는 자연히 결정된다. 이때 삼각형의 세 변 사이에 '비(比)'가 성립한다. 즉 각도를 알면 세 변 사이의 관계를 알 수 있다.

예를 들어 ∠B가 직각인 삼각형 ABC에서 ∠A $=\theta$(세타)라고 하면 θ와 각 변 사이에는 다음과 같은 비가 성립한다.

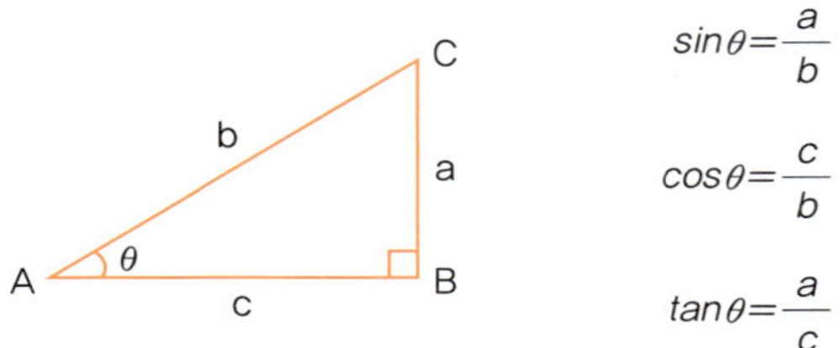

삼각형의 세 각과 세 변 사이에 성립하는 일정한 비의 값을 나타낸 것을 '삼각비'라고 한다. 삼각비를 이용하면 하늘을 찌를 듯 솟아오른 나무의 높이나 멀리 떨어진 두 지점 간의 거리를 측정할 수 있다.

지금까지는 직각삼각형에 대해 살펴보았는데 그럼 직각을 포함하지 않은 일반 삼각형의 경우는 어떨까? 다시 말해 '모든 직각삼각형'에서 성립하는 피타고라스의 정리를 '모든 삼각형'으로 바꿔 보면 다음과 같은 관계식이 성립한다.

$$a^2 = b^2 + c^2 - 2bc \cos\alpha$$

이것을 '코사인 정리'라고 하는데, 코사인 정리에서 보면 피타고라스의 정리는 α가 직각인 특수한 예에 속한다.

✳ 삼각함수가 알려 주는 나의 위치

삼각형에서 만들어진 삼각비의 개념을 순수한 함수의 세계로 확장한 것이 sin(사인), cos(코사인), tan(탄젠트)로 대표되는 삼각함수이다. 삼각함수를 손에 넣음으로써 인류는 수학적 사고를 비약적으로 발전시킨 한편 실로 다양한 분야에 응용할 수 있었다.

함수 계산기나 삼각비 표를 이용하면 쉽게 계산할 수 있다.
$\overline{CB}=\overline{AB}\times\tan42°$
$\quad\quad≒5.0m\times0.9004$
$\quad\quad≒4.5m$

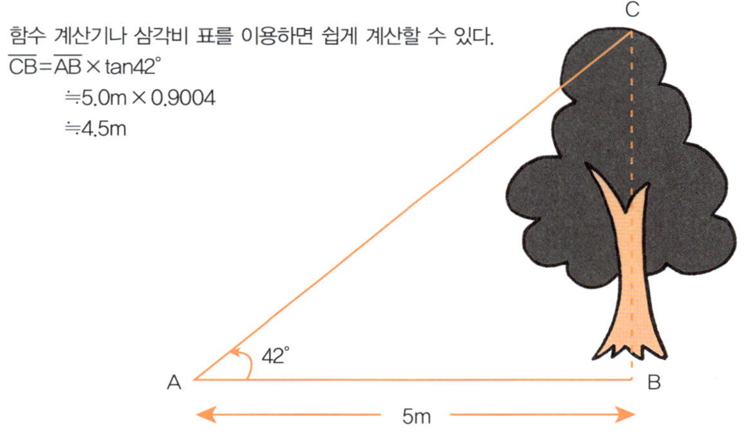

우선 삼각함수를 이용해 자신의 위치를 파악할 수 있다. 수학에서 장소(위치)를 나타낼 때 사용하는 것이 좌표이다. 우리가 흔히 알고 있는 좌표는 x축과 y축이 직각으로 만나는 직교좌표인데(참고로 직교좌표를 고안한 사람은 데카르트이다), 그 좌표 위에 있는 임의의 점 P는 (x, y)로 나타낸다.

이때 원점 0에서 점 P까지의 거리(반지름)를 r, 점 P와 원점 그리고 x축이 만드는 각도를 θ라고 하면 다음과 같이 x와 y의 값을 구할 수 있다.

$$x=r\cos\theta$$

$$y=r\sin\theta$$

이 값이 직교좌표에서 임의의 점 P의 위치이다.

위치를 확정하는 데 사용하는 좌표가 하나 더 있는데 바로 '극좌표(極座標)'이다. 배나 잠수함이 등장하는 영화에서 다른 배의 위치와 거리를 나타내는 레이더 화면을 본 적이 있을 것이다. 그때 레이더 화면을 체크하고 있던 담당자가 "각도○○ 거리△△에 적 잠수함 출현!"이라고 보고한다.

이때 적 잠수함의 위치를 P(x, y), 각도를 θ, 거리를 r이라고 하면 다음 식에 대입해 거리와 각도를 구할 수 있다.

$$r=\sqrt{x^2+y^2}$$
$$\theta=\tan^{-1}\frac{y}{x}$$

✾ 삼각형의 반대편에서 펼쳐지는 완벽한 원의 세계

이제 원의 등장에 주목해 보자. 다른 관점에서 보면 삼각함수란 원과 원의 일부인 호의 성질을 이해하고 계측하기 위한 도구라고 할 수 있다.

원은 완벽한 형태, 아니 단순한 형태를 넘어 깊고 오묘한 진리를 표현하고 있는 듯 보인다. '원(圓)'이라는 글자가 들어간 단어는 지금 당장 떠오르는 것만 해도 원활(圓滑), 원숙(圓熟), 원만(圓滿), 원전(圓轉, 순조롭게 진행됨), 원융(圓融, 원만하고 막힘이 없다) 등이 있다. 모두 긍정적인 의미로 원이라는 형태에 깃든 인간의 마음이 느껴진다.

반면 원은 너무 완벽해 다가가기 힘든 존재이기도 하다. 직접 해

40

● 직교좌표계

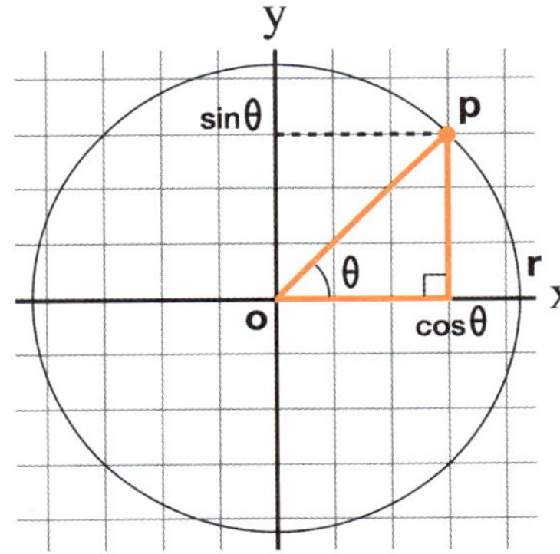

$$x = r \cos \theta$$
$$y = r \sin \theta$$

● 극좌표계

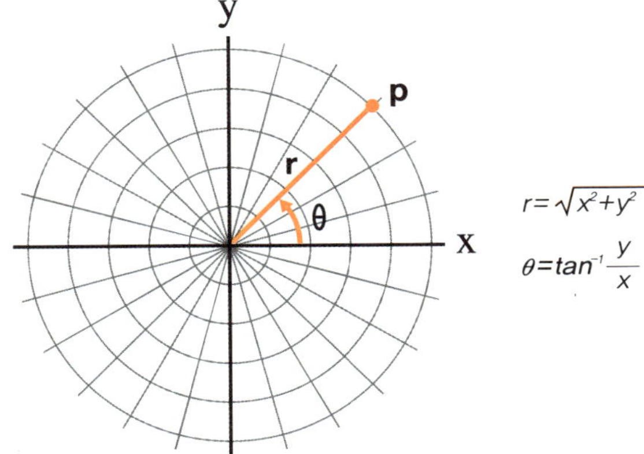

$$r = \sqrt{x^2 + y^2}$$
$$\theta = \tan^{-1} \frac{y}{x}$$

보면 알겠지만 찌그러지지 않고 매끈한 원을 그리기는 쉽지 않다.

바로 이 완벽한 원에 접근하는 방법이 삼각형이라는 형태이자 삼각비이며, sin과 cos 등의 삼각함수이다. 또 삼각함수는 우주 제패와 깊은 관련이 있다. 반지름이 일정한 원에서 중심각과 현과 호의 길이의 관계를 아는 것은 천체를 관측하는 데 반드시 필요하기 때문이다.

특히 고대 그리스나 인도 등지에서 이러한 연구가 활발하게 진행되었다. 10세기경 아라비아에서는 연구 결과를 삼각함수로 정리했으며 15세기에 이미 정밀한 삼각함수표가 사용되었다. 중세를 통틀어 수학뿐 아니라 대부분의 자연과학 분야에서 가장 앞서 있었던 지역은 유럽이 아닌 이슬람 문화권이었다.

✸ 현대 생활의 필수! 삼각함수의 파동이 만드는 원운동

삼각함수를 통해 원과 원운동을 관찰하다 보면 여러 가지 재미있는 사실을 발견하게 된다. 일정한 원 위를 움직이는 물체는 '파동(波動)'으로 파악할 수 있다.

유원지의 관람차를 타고 있다고 상상해 보자. 자리에 앉아 수평 방향을 계속 바라보면 관람차가 한 바퀴 도는 동안 경치가 위아래로만 움직인다. 관람차가 유리나 플라스틱과 같은 투명한 재질로 만들어져 있어 아래를 볼 수 있다면 수직 방향으로 바라보았을 때 경치는 앞뒤로만 움직인다.

이때 상하로 움직이는 경치가 sin이 만들어 낸 것이며 전후로 움직이는 경치는 cos이 만들어 낸 것이다. 그 경치들에 시간을 부여

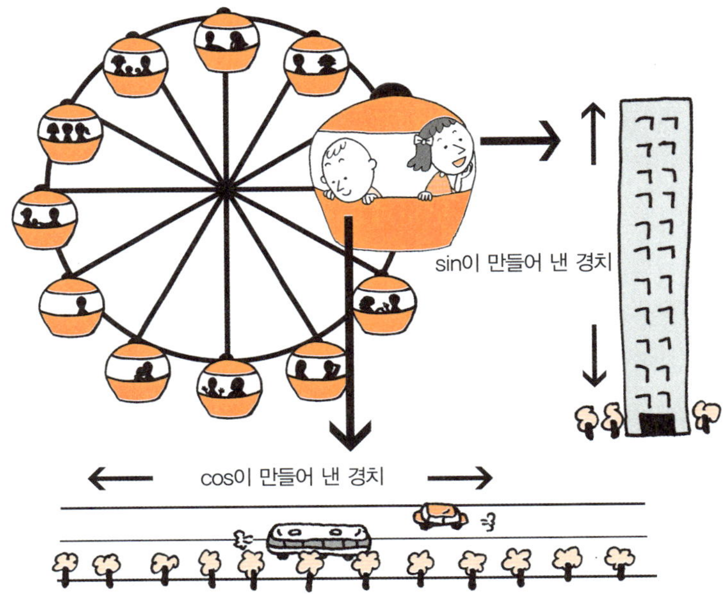

하면 주기적인 파형(波形)으로 나타낼 수 있다.

일정한 거리의 상공에서 지구 둘레를 도는 인공위성의 위치를 시간에 따라 표시하면 주기적인 파형이 나타난다. 다시 말해 원운동은 sin이나 cos의 파동으로 이끌어 내거나 분해할 수 있으며 이 파동이 우리 생활에 필요한 여러 가지 도구에 쓰이고 있다.

예를 들어 현대음악에서 빼놓을 수 없는 신시사이저(Synthesizer)는 sin과 cos이 만들어 낸 주기적인 파장을 조합하여 다양한 음을 표현한다. 이 원리를 고안해 낸 사람이 프랑스의 수학자이자 물리학자인 푸리에(Jean B. J. Fourier, 1768~1830)이다. 푸리에는 어떤 함수도 sin과 cos의 덧셈으로 표현할 수 있다는 사실을 증명했다.

우리 몸속에 나타난 질병을 발견하는 CT촬영도 삼각함수의 원리를 응용한 것이다. 또 다리나 레일 등을 깨트리지 않고 금속 내부의 노후 정도나 균열 등을 탐지하는 비파괴검사에도 삼각함수가 쓰인다. 휴대전화의 전자파, 전자레인지의 마이크로파 등 대부분의 가전제품이 작동하는 것 또한 sin과 cos의 계산을 바탕으로 제어하는 것이다.

삼각형이나 삼각함수를 보면 3이라는 숫자에는 불가사의한 힘이 깃들어 있는 듯하다. 기독교의 삼위일체(三位一體), 사물은 정(正)·반(反)·합(合) 세 단계를 거쳐 전개된다는 변증법적 사고도 3이라는 숫자와 관련되어 있다. 3이라는 숫자를 좋아하는 사람이 많은 것도 3이 지닌 신비한 힘에 매료된 때문인지도 모른다.

3

평행선에 숨어 있는
우주의 수수께끼

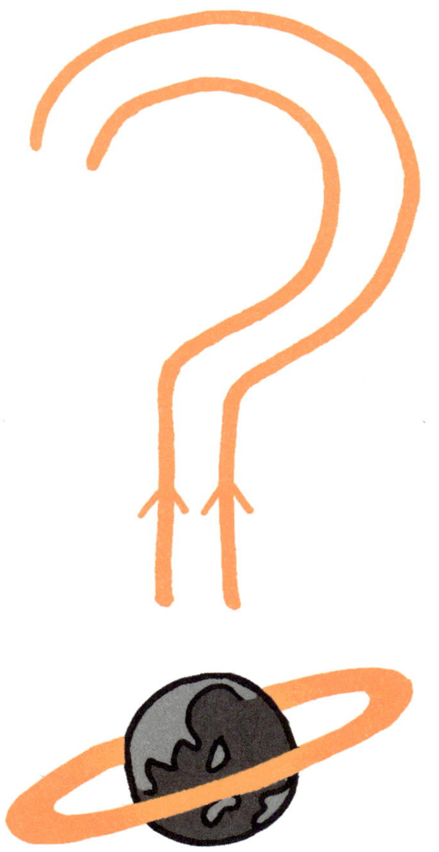

001

✿ 평행선 연구로 시작된 수학 혁명

고대 그리스까지 단숨에 거슬러 올라갔던 우주 제패 여행을 이제 18세기에서 19세기 유럽으로 방향을 돌려 보자. 이 시기 수학은 혁명기를 맞이했다.

현대 수학에서 풀리지 않은 이론 대부분이 이 시대에 탄생했으며, 그 문제들을 해결하는 일이 20세기 수학의 흐름이었다 해도 과언이 아니다. 따라서 이 시기는 수학으로 우주를 제패하기 위한 준비 단계였다고 할 수 있다. 수학 혁명은 유클리드 기하학으로는 완전히 설명할 수 없는 세계가 있다는 것이 밝혀지면서 시작되었다.

'삼각형의 내각의 합은 180°'라든가 "평행선은 영원히 교차하지 않는다."는 말은 평면 세계에서나 가능한 말이다. 이 평면 세계의 약속을 정한 사람이 기원전 4세기에서 기원전 3세기에 걸쳐 이집트 알렉산드리아에서 활약한 그리스인 수학자 에우클레이데스(Eukleidēs)이다. 영어권에서는 유클리드(Euclid)라고 부른다.

유클리드는 오늘날 수학의 기초라고 할 수 있는 『원론(Stoikheia)』(총 13권에 이르는 수학책으로 『기하학 원본』, 『원본』이라고도 한다)을 정리했다. 이 책에는 수의 성질에 관한 내용도 포함되어 있지만, 무엇보다 가장 큰 업적은 지금도 통용되는 기하학 체계인 '유클리드 기하학'을 완성했다는 점이다.

유클리드는 『원론』에서 다섯 개의 공준[*]을 가정했는데 다음의 제5공준이 수학 혁명의 직접적인 계기가 되었다.

많은 수학자들이 '평행선의 공준'이라고 부르는 이것을 증명하려고 했으나 안타깝게도 제대로 증명한 사람이 없었다.

이 난제에 도전한 사람이 18세기에서 19세기에 걸쳐 활동한 독일의 가우스(Karl F. Gauss), 트란실바니아(지금의 루마니아 북서부 지방) 출신의 헝가리의 수학자 야노스 보여이(János Bolyai), 러시아

---

* 공준(公準) : 공리(公理)처럼 자명하지는 않으나 증명 없이 원리로 인정된 명제

유클리드의 공준(公準)과 공리(公理)

● **공준(요청)**

1. 임의의 점에서 다른 점을 잇는 직선은 단 한 개다.
2. 유한한 직선을 일직선으로 무한히 연장할 수 있다.
3. 임의의 점을 중심으로 하는 반지름으로 원을 그릴 수 있다.
4. 모든 직각은 서로 같다.
5. 한 선분이 서로 다른 두 직선과 교차할 때 같은 쪽 두 내각의 합이 180°보다 작으면, 두 직선을 연장했을 때 두 내각의 합이 180°보다 작은 쪽에서 교차한다.

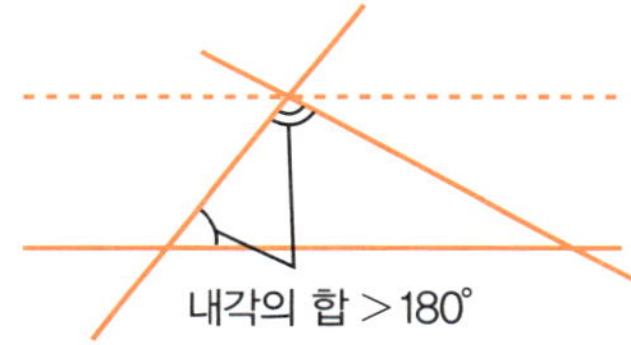

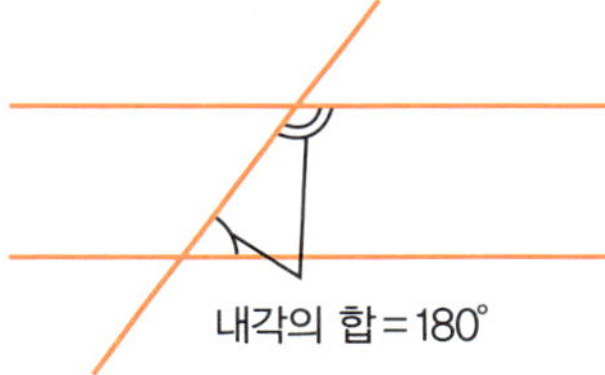

● **공리(이론의 전제)**

1. 같은 것과 동일한 것들은 서로 같다.
2. 같은 것에 서로 같은 것을 더한 합은 서로 같다.
3. 같은 것에서 서로 같은 것을 뺀 나머지는 서로 같다.
4. 서로 겹치는 것은 서로 같다.
5. 전체는 부분보다 크다.

의 수학자 로바체프스키(Nikolas I. Lobachevskii)였다. 가우스가 조금 빠르기는 했으나 이 세 사람은 거의 같은 시기에 독자적으로 평행선의 공준 문제에 도전해 새로운 기하학을 밝혀냈다.

평행선의 공준을 다른 공준으로 증명하는 과정에서 뜻밖의 결과가 나타났다. 다른 공준으로는 평행선의 공준을 증명할 수 없자 평행선의 공준이 성립하지 않는, 즉 새로운 공준으로 바꿔도 모순되지 않는 기하학을 생각하게 된 것이다.

이러한 발상의 전환은 결국 큰 성공을 거두어 훗날 수학의 발전에 어마어마한 영향을 끼쳤고 우주를 생각하는 기하학이 탄생하기에 이르렀다.

☀ 평행선이 교차하는 세계가 있다

유클리드가 남긴 제5공준을 증명할 수 없다는 사실은 그때까지 유일한 기하학 체계였던 유클리드 기하학으로는 설명할 수 없는 기하학의 세계가 있음을 의미하는 것이었다. 이것이 바로 '비유클리드 기하학'의 세계이다. 비유클리드 기하학의 세계에서는 삼각형의 내각의 합이 180°보다 커지기도 하고 작아지기도 하며, 절대 교차할 수 없는 평행선이 교차하기도 한다.

유클리드의 제5공준은 다음과 같이 바꿔 말할 수 있는데 오히려 평행선의 공준을 이해하기가 더 쉽다.

임의의 직선 밖에 있는 한 점을 지나고 그 직선과 평행한 선은 단 한 개다.

누가 봐도 당연한 말이다. 거꾸로 말해서 하나의 직선이 다른 직선과 평행을 유지하려면 이 조건이 충족되어야 한다. 하지만 그렇지 않은 세계가 있다. 쉬운 예로 구(球)를 생각해 보자.

지구본의 경우 위도를 나타내는 위선(緯線)과 경도를 나타내는 경선(經線)이 있는데 이들은 직각을 이루며 서로 교차한다. 다시 말해 경선은 서로 평행하며, 유클리드 기하학에서 평행선은 영원히 만나

지 않는다.

　그러나 지구본의 경선은 어느 두 점, 즉 북극점과 남극점에서 교차한다. 2천 년 이상 유일무이한 기하학 체계였던 유클리드 기하학으로 설명할 수 없는 상황을 예상외로 가까운 곳에서 발견한 셈이다.

　평행선 이야기를 꺼낼 필요도 없이 이 지구상에는 유클리드 기하학으로 설명할 수 없는 현상이 일어나고 있다. 일반적으로 생각하기에 두 점을 연결하는 최단 거리는 직선이다. 하지만 이것은 평면 세계, 즉 유클리드 기하학의 세계에서나 해당되는 이야기이며 지구본과 같은 구에서 두 점을 연결하는 최단 거리는 직선이 아닌 곡선이다.

예를 들어 인천 공항에서 인천과 위도가 거의 같은 워싱턴까지 비행기를 타고 갈 경우, 직선으로 날아가는 것보다 북쪽으로 약간 볼록한 곡선을 그리며 날아가는 것이 최단 거리이다. 참고로 임의의 두 점을 연결하는 가장 짧은 선을 '측지선(測地線)'이라고 한다.

✸ 유클리드 기하학과 비유클리드 기하학은 보증 관계

여기서 오해하지 말아야 할 것은 평행선의 공준이 성립하지 않는 경우가 있다고 해서 유클리드 기하학 자체를 부정하는 것은 아니라는 점이다. 평행선의 공준을 제외한 나머지 네 개의 공준은 구에서도 성립하므로 유클리드 기하학은 여전히 유효하다.

이와 같이 평행선의 공준은 다른 공준과는 별개의 독립된 공준이며, 이것이 다른 공준으로 설명할 수 없는 이유이기도 하다. 다른 공준으로 설명할 수 있다면 평행선의 공준은 더 이상 필요가 없다. 다른 공준으로 바꾸면 그만이다.

사실 수학자들이 그토록 매달린 평행선의 공준을 증명하는 것은 유클리드의 『원론』에 실린 다른 공준으로 바꿀 수 있는 것은 아닌가 하는 문제였다. 그러나 결국 바꿀 수 없는 것으로 판명이 났다.

보여이의 업적을 살펴보면 이것을 더 쉽게 이해할 수 있다. 보여이는 수학자였던 아버지의 연구를 바탕으로 평행선의 공준이 성립하는 기하학과 평행선의 공준이 성립하지 않는 기하학, 두 가지 세계를 가정한 뒤 현실에서 어느 쪽이 옳은지는 어떠한 추론으로도 결론을 내릴 수 없다는 사실을 증명했다.

다시 말해 세상에는 평행선의 공준이 성립하는 세계와 평행선의 공준이 성립하지 않는 세계 둘 다 존재한다. 전자가 유클리드 기하학의 세계이며 후자가 비유클리드 기하학의 세계이다. 비유클리드 기하학의 대표적인 예가 '쌍곡기하학'과 '구면기하학'이며, 유클리드 기하학의 대표적인 예는 '평면기하학'이다. 두 가지 중 어느 것이 옳고 그른지를 따지는 것은 무의미한 일이며 두 가지 모두 옳은 이론이다.

바꿔 말하면 두 가지 기하학이 모순되지 않고 동시에 따로 성립한다는 뜻이다. A라는 기하학이 성립하면 B라는 기하학도 성립한다. 거꾸로 B라는 기하학이 모순이면 A라는 기하학 역시 모순이다. 즉 두 가지 기하학은 서로 정당성과 존재를 보증하는 관계로 성립한다.

✸ 유연한 발상으로 '휘어진 세계'를 생각하다

비유클리드 기하학을 어떻게 이해하느냐는 우주 제패를 위해 빠뜨릴 수 없는 중요한 과제이다. 지구의 경우 두 가지 기하학 체계가 동시에 성립하는 만큼 우주의 모습을 파악하기 위해서는 더욱 다양한 기하학을 고려해야 한다.

이것은 곧 휘어진 세계, 즉 휘어진 우주를 생각하는 것이며 그러기 위해서는 일종의 발상의 전환(paradigm shift)이 필요하다. 지금 우리가 보고 있는 세계나 현상은 흔히 생각하듯이 보편적이거나 명백한 것이 아니다. 우리가 서 있는 이 세계는 오히려 어마어마한 다양성의 바다에 떠 있는 특수한 작은 섬에 지나지 않는다. 오직 이 세계만이 올바른 세계이며 다른 세계는 존재하지 않는다는 생각은

잘못된 것이다.

예를 들어 우리는 공책에 그린 평행선만을 평행하다고 생각한다. 내가 서 있는 지면은 한없이 평평하다고 생각한다. 하지만 노트에 그린 평행선은 공책이라는 특수한 세계에만 성립하는 것이며, 지면이 평평하다고 느끼는 것은 어마어마하게 큰 지구의 극히 일부분만을 볼 수 있기 때문이다.

✿ 보여이의 슬픈 일화

휘어진 세계를 어떻게 파악하고 표현해야 하는가 하는 문제를 해결하는 데 앞장선 인물이 수학 역사상 가장 위대한 천재라고 불리는 가우스이다. 가우스의 업적과 공로를 말하자면 끝이 없을 정도이며 가우스만큼 수학에 큰 영향을 끼친 인물도 없다.

수론(數論)과 기하학 등 수학의 거의 모든 분야에 걸쳐 가우스가 제창하고 발견한 법칙들이 이용되고 있다. 가우스 없이 현대 수학은 존재할 수 없다고 해도 과언이 아니다. 그뿐 아니라 가우스의 업적은 수학뿐 아니라 천문학, 물리학, 자기학(磁氣學) 등 자연과학의 여러 분야에 걸쳐 영향을 끼쳤다.

가우스가 휘어진 세계를 어떻게 파악했는지 이야기하기 전에 평행선의 공준에 얽힌 가우스와 보여이 부자의 인연에 대해 이야기해보자.

야노스 보여이의 아버지 파르카스는 가우스와 친분이 있는 사이였다. 평행선의 공준을 증명하려고 애쓰던 야노스가 결국 증명할 수 없다는 결론에 다다르자, 아버지 파르카스는 가우스에게 편지를

❀ 야노스 보여이
János Bolyai, 1802~1860

❀ 파르카스 보여이(아버지)
Farkas Bolyai, 1775~1856

❀ 가우스
Karl Friedrich Gauss,
1777~1855

써서 의견을 구했다. 이에 가우스는 다음과 같이 답변했다고 한다.

"당신 아들의 결론이 옳소. 하지만 난 이미 20년 전에 그것을 깨달았소. 괜한 소동이 일어날까 봐 발표하기를 꺼렸는데 아드님 덕분에 그럴 필요가 없게 되었소."

가우스의 이 말은 거짓말이나 허풍이 아니었다. 이것은 그가 남긴 책에서 밝혀진 사실이었다. 가우스의 답변을 들은 야노스는 너무 실망한 나머지 수학 연구를 그만두고 남은 삶을 비참하게 보냈다고 한다.

슬픈 일화이기는 하나 수학의 세계에서는 흔히 있는 일이다. 사소한 일로 발표 시기를 놓치는 바람에 빛을 보지 못한 수학자들이 헤아릴 수 없이 많다.

✿ 곡률과 천재 수학자 가우스

가우스는 휘어진 세계를 '곡률(曲率)'로 설명했다. 우선 직선 하나를 떠올려 보자. 점 하나가 그 직선을 따라 이동한다고 했을 때 직선을 바로 옆에서 보면 점은 좌우로 움직인다. 하지만 정면에서 보면 점은 전혀 움직이지 않는 것처럼 보인다.

이제 그 직선을 활처럼 구부러진 곡선이라고 하자. 옆에서 보면 점은 여전히 좌우로 움직인다. 그러나 정면에서 보면 위아래로 움직일 것이다. 아래위로 움직이는 폭이 클수록 곡선이 크게 휘었다고 할 수 있다.

이처럼 곡선의 휘어진 정도를 곡률이라고 한다. 휘어진 정도가 크면 곡률도 크고, 휘어진 정도가 작으면 곡률도 작다. 직선의 경우 곡률은 0이다.

그렇다면 곡면일 경우, 즉 구면의 곡률은 어떻게 구할까? 가우스는 이 문제에서 좋은 방법을 생각해 냈다.

우선 평면 위에 원을 그리고 원둘레에 수직으로 직선을 여러 개 세운다. 그런 다음 수직선을 100m 상공에서 다시 연결해 원을 그리면, 그 원의 면적은 당연히 평면에 그린 원의 면적과 같다. 이것이 곡률 0, 즉 평면이다.

이번에는 같은 크기의 원을 곡면 위에 그린다. 마찬가지로 원둘레에 수직으로 직선을 여러 개 세운 뒤 수직선 끝을 100m 상공에서 다시 연결해 원을 그린다. 과연 어떻게 될까? 이때 상공에 그린 원의 면적은 평면에 그린 원보다 클 것이다.

곡면이 휘어진 정도는 이 두 원의 면적을 비교함으로써 알아낼 수 있다. 상공에 만든 원의 면적이 클수록 곡면이 크게 휜 것이므로 곡률 역시 크다. 반대로 오목렌즈처럼 움푹 팬 곡면의 경우 직선을 수직으로 세우고 상공에서 원을 그리면 면적이 작아진다.

세 가지 경우를 종합해 보면 곡률이 0인 평면과 곡률이 양수인 볼록한 곡면, 곡률이 음수인 움푹 팬 곡면, 모두 세 종류의 곡면이 있음을 알 수 있다. 이처럼 가우스는 곡면의 휘어진 정도를 나타내는 곡률에 주목했다.

곡률이 양수인 곡면, 예를 들어 지구상에 있는 세 점을 연결해 큰 삼각형을 그리면 내각의 합은 180°보다 크다. 반대로 사발처럼 곡률이 음수인 곡면에 있는 세 점을 연결해 그린 삼각형의 경우 내각의 합이 180°보다 작다.

곡률의 사고 방법

● 평면

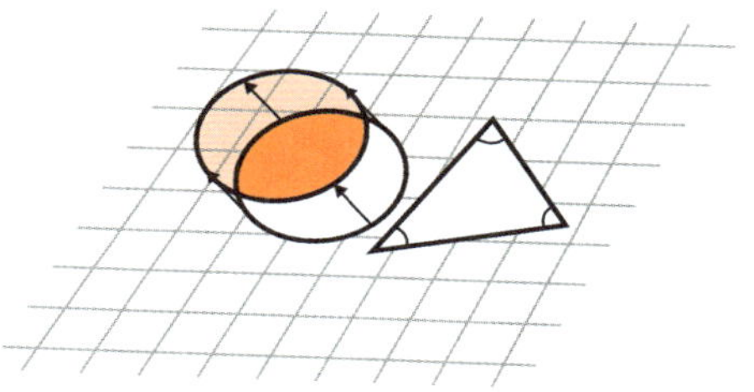

면적은 변함이 없다.
내각의 합=180°
곡률=0의 세계

● 곡면

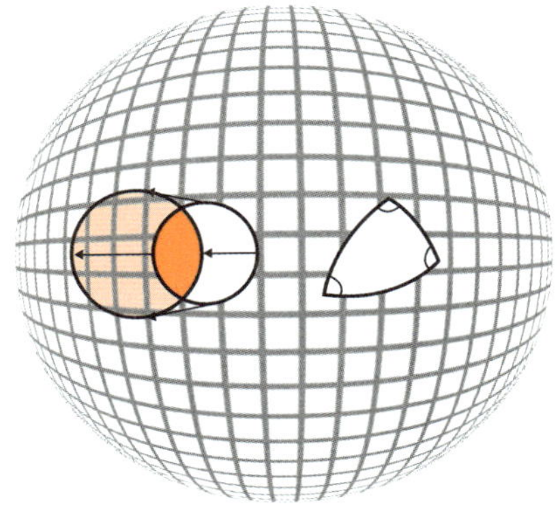

면적이 커진다.
내각의 합>180°
곡률>0의 세계

가우스는 이 사실을 확인하기 위해 알프스 산맥의 세 개의 산 정상에 올라가 각각의 정점을 연결한 삼각형의 내각의 합을 구하려고 했다. 하지만 그 정도 거리로는 내각의 합이 180°보다 크다는 사실을 확인할 수 없었고 가우스는 무척 실망했다고 한다.

유클리드 기하학에서 다루는 것은 곡률이 0인 세계이다. 곡률이 음수나 양수인 세계를 이해하기 위해서는 다른 기하학 체계, 즉 비유클리드 기하학이 필요하다. 비유클리드 기하학이 다루는 것은 휘어진 세계, 즉 곡면의 세계이다.

결론을 말하면 우리가 사는 우주는 비유클리드 기하학으로 이해할 수 있는 휘어진 세계이다. 하지만 평소 우리는 너무나 독특한 기하학적 사고방식에 익숙한 탓에 이 세계가 휘어 있다는 사실을 좀처럼 깨닫지 못하고 있다.

✿ 중력 해명을 향한 첫걸음, 뉴턴의 만유인력

가우스의 곡률 계산은 20세기에 접어들면서 아인슈타인이 발표한 '일반상대성이론'과 결부되기에 이르렀다. 중력이 발생하는 원리는 뉴턴(Isaac Newton, 1642~1727) 이후 제대로 밝혀지지 않은 상태였는데, 아인슈타인이 일반상대성이론으로 중력의 원리를 설명하는 데 성공했다.

뉴턴의 업적은 우주의 모든 물체가 서로 끌어당기는 힘, 즉 '만유인력'의 하나로 중력(지구가 물체를 잡아당기는 힘)이 있다는 사실을 발견하고 그 크기를 계산하는 공식을 만들어 낸 것이다.

$$F = G\frac{Mm}{r^2}$$

이것이 뉴턴의 만유인력 공식이다.

G는 만유인력 상수이며 $6.6726 \times 10^{-11}(m^3/s^2 \cdot kg)$, r은 두 물체 사이의 거리, m과 M은 두 물체의 질량을 나타낸다. 이 공식에 따르면 물체가 서로 멀리 떨어져 있을수록 만유인력이 약해지며(가까울수록 강해진다), 물체의 질량이 무거울수록 만유인력이 강해진다(가벼울수록 약해진다). 즉 만유인력은 거리의 제곱에 반비례하며 질량의 곱에 비례한다.

별과 별 사이에도 만유인력이 작용하기 때문에 서로 타원 궤도를 그리며 돈다. 지구와 태양 사이에도 만유인력이 작용하기 때문에 타원 궤도를 그리며 지구가 태양 주위를 돈다.

요하네스 케플러(Johannes Kepler, 1571~1630)는 튀코 브라헤(Tycho Brahe, 1546~1601)가 남긴 관측 결과를 바탕으로 행성이 태양을 중심으로 하는 타원 궤도 위를 움직이고 있다는 사실을 발견했다. 그러나 왜 타원 궤도를 그리는지는 해명하지 못했는데, 뉴턴이 이것을 만유인력의 법칙으로 설명했다.

달과 지구 사이에도 만유인력이 작용하기 때문에 달이 지구 위로 떨어지지 않는 것이다. 뉴턴이 나무에서 떨어지는 사과를 보고 만유인력을 발견했다는 일화는 후대 사람들이 꾸며 낸 이야기다.

사실 뉴턴은 달과 사과를 보고 있었다. 하늘에 떠 있는 달은 떨어지지 않는데 사과는 왜 땅에 떨어질까? 그것이 궁금했던 뉴턴은 고민하던 끝에 사과와 지구 사이에도 만유인력이 작용한다는 사실을 밝혀냈다.

만유인력의 발견은 과학이 종교로부터 벗어나는 결정적인 계기가 되었다. 당시 종교계에서는 달과 사과에 대해 다른 설명을 내놓았다. 달에는 천상계의 법칙이 작용하고, 사과는 지상계의 법칙이 지배하기 때문에 서로 다른 현상이 나타난다는 것이었다.

그러나 뉴턴은 우주는 물론 지상에도 같은 운동 법칙이 작용한다고 생각했다. 즉 천상계와 지상계의 법칙을 통일했다고도 할 수 있는데, 정확히 말하면 원래 동일하게 작용하는 법칙을 뉴턴이 발견한 것이다.

뉴턴 역시 수학의 천재 계보에 오를 만한 인물인 것은 분명하다.

뉴턴은 미적분을 창시했고, 『프린키피아(Principia)』(원제는 '자연철학의 수학적 원리'이다)라는 책을 통해 당시의 수학을 집대성했다.

뉴턴에 관해 무엇보다 유명한 것은 불과 20대 중반에 만유인력의 법칙을 발견한 것이었다. 이것은 그의 오랜 연구 기간 중 단 2년간의 연구 성과였다. 2년 만에 만유인력의 법칙을 발견한 뉴턴은 이후 더 이상 만유인력에 대해 연구하지 않았고, 만년에는 연금술과 성서 연구에 몰두했다.

✿ 공간의 일그러짐으로 중력이 발생한다

그렇다면 만유인력(중력)은 왜 생기는 것일까? 뉴턴은 만유인력이 있다는 것을 발견했을 뿐 발생 원리에 대해서는 언급하지 않았다. 이 문제에 도전한 사람이 바로 아인슈타인인데, 그는 물체가 존재함으로써 그 주위의 공간이 일그러지기(휘기) 때문에 중력이 발생한다는 사실을 밝혀냈다.

$$G = T$$

이것이 바로 아인슈타인이 고안해 낸 '중력장 방정식'이다. 정말 간단하지 않은가. 마치 수학의 아름다움을 구체적으로 표현한 듯하다. 아인슈타인은 이 간단한 공식을 이용해 공간의 일그러짐과 물체의 관계, 즉 중력이 발생하는 원리를 밝혀냈다.

공식에서 G는 공간의 휘어진 정도를 나타내는 곡률이며, T는 물체가 만들어 내는 에너지(운동량)-텐서(tensor)를 뜻한다. 이 방정식은

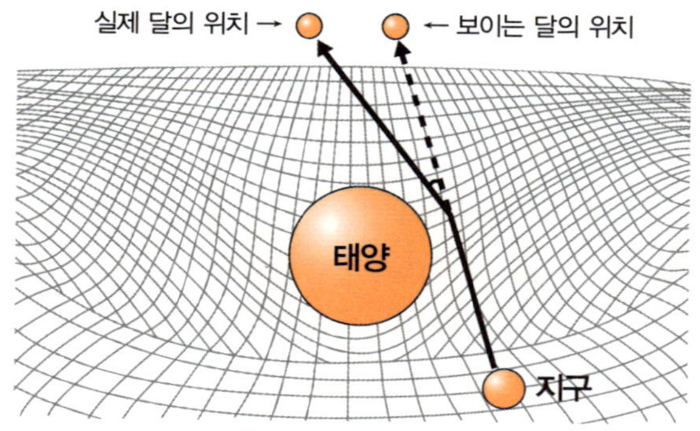

물체가 존재(T)함으로써, 공간이 일그러진다(R)는 것을 나타낸다.

공간의 일그러짐이란 어떤 의미일까. 아인슈타인의 이론은 일식 때 별이 어떻게 보이는가를 통해 증명할 수 있다. 실제 별의 위치와 보이는 위치가 다른 것은 태양이 존재함으로써 공간의 일그러짐이 발생했기 때문이다.

위의 그림을 보면 별에서 발하는 빛이 태양 옆에서 휜 듯 보이지만 빛은 항상 공간을 최단 경로로 직진하는 성질을 가지고 있다. 그런데 물체가 있음으로 해서 공간이 일그러져 있다 보니 그 일그러진 공간을 따라 직진하는 빛이 마치 휜 것처럼 보이는 것이다.

그렇다면 공간의 일그러짐이 어떻게 중력을 일으킨다는 것일까. 트램펄린을 한번 상상해 보자. 트램펄린 위에 사람이 올라타거나 볼링공을 떨어뜨리면 움푹 들어간다. 트램펄린을 우주 공간이라고 하고 사람과 볼링공을 태양과 지구라고 하자. 어떤 물체도 없다면

우주는 그저 평평한 상태일 것이다. 하지만 물체가 있음으로써 우주는 움푹 파이거나 일그러진다. 물체가 무거우면 무거울수록 더 깊이 파이거나 더 심하게 일그러진다.

볼링공을 올려놓은 트램펄린의 가장자리에 볼링공보다 가벼운 물체를 하나 올려놓아 보자. 그러면 그 물체는 움푹 파인 볼링공 쪽으로 데구루루 굴러간다. 이러한 현상이 바로 아인슈타인이 생각한 중력의 정체이다.

중력 때문에 마치 물체들이 서로 끌어당기는 것처럼 보이지만 사실 공간의 일그러짐으로 인한 경사 때문에 물체가 한쪽에서 다른 쪽으로 데굴데굴 굴러가는 것이다. 물론 트램펄린의 가장자리에 올려놓은 물체도 무게가 있으므로 우주 공간에 또 다른 일그러짐과 경사를 만드는 요인이 된다.

이처럼 물체가 공간의 일그러짐과 경사를 만들어 내 서로 끌어당기는 듯 보이는 현상이 중력이다. 물체가 존재함으로써 그 주위의 공간이 일그러지며 그 때문에 중력이 발생한다. 우주 공간은 일그러져 있으며 그 일그러진(휘어진) 정도가 우주의 곡률이다.

✹ 빛의 속도에 가까워지면 불로불사할 수 있다

아인슈타인의 중력장 방정식 $G = T$에서 T에는 시간도 포함되어 있다. 물체가 있으면 그 주위 공간이 일그러져 중력이 발생하는데 중력은 시간의 흐름에도 영향을 미친다. 중력이 약할수록 시간의 흐름 또한 느려지므로 우주 공간에 떠 있는 인공위성 안에서는 지구상에서보다 시간이 천천히 흘러간다.

이 원리를 응용한 것이 자동차 내비게이션 시스템 등에 쓰이는 GPS(Global Positioning System)이다. GPS는 전용 인공위성에 탑재된 원자시계가 송신하는 시각 데이터를 바탕으로 위치 정보를 산출한다. 이때 인공위성과 지상 사이에 어긋나는 시간은 아인슈타인의 특수상대성이론과 일반상대성이론을 활용해 보정한다. 따라서 자동차를 타고 갈 때 우리는 아인슈타인에게 고마워해야 한다. 또한 빛의 속도에 가까워질수록 시간의 흐름은 느려진다. 우리가 빛의 속도로 이동할 수 있다면 시간이 영원히 멈춰 불로불사의 삶을 살게 될 것이다.

가우스 이후 수학, 특히 기하학의 세계에서는 우주의 구조와 성질을 설명하는 데 비유클리드 기하학의 체계가 필요하다는 사실을 밝혀냈는데, 대표적인 예가 아인슈타인의 특수상대성이론이다. 하지만 이것 또한 비유클리드 기하학에 포함된 민코프스키 공간*이라는 개념을 기본 모델로 탄생했다.

✵ 훨씬 넓은 세계에 적용되는 비유클리드 기하학

유클리드 기하학은 비유클리드 기하학이라는 넓은 바다에 떠 있는 작은 섬이라고 할 수 있다. 비유클리드 기하학이 적용되는 세계가 압도적으로 넓으며 유클리드 기하학은 극히 일부 특수한 경우에만 적용된다.

그렇다면 유클리드 기하학은 필요 없는 것일까? 그렇지 않다. 우리가 서 있는 곳, 즉 우리가 사는 특정(local) 범위 내에서는 유클리드 기하학이 상당히 유용하다. 하지만 우주와 같이 전체적인(global) 범위에 모두 적용되는 것이 비유클리드 기하학이다. 그런 의미에서 유클리드 기하학과 비유클리드 기하학은 상호 보완 관계라고 할 수 있다.

이것은 사물을 전체적으로 보기 위해서는 특정 부분을 파악해야 하는 것과 같은 의미이다. 지금 이곳에서 일어나는 현상을 이해하고 싶다면 지금을 포함한 시간, 이곳을 포함한 우주를 생각해야 한다. 그렇지 않으면 '지금'이든 '이곳'이든 설명할 수 없다.

우리가 사는 곳을 제대로 이해하려면 그 장소만을 봐서는 안 된다. 우리가 사는 곳은 동, 구, 시에 속하며, 그 모두를 포함한 한국, 한국이 속한 아시아, 아시아를 포함한 세계 또는 지구, 궁극적으로는 지구가 속해 있는 우주이다. 이렇게 끊임없이 더 높은 차원으로 시점을 끌어올려야 한다.

그러나 가우스와 보여이, 로바체프스키 등은 비유클리드 기하학

＊ 민코프스키 공간 : 민코프스키 시공세계라고도 한다. 독일의 수학자이자 물리학자인 헤르만 민코프스키 (Hermann Minkowski, 1864~1909)가 도입한 4차원 시공간 개념이다.

이 정말 존재하는지, 즉 평행선의 공준이 별개의 독립된 체계인지를 증명하지 못했다.

결국 클라인(Christian F. Klein, 1849~1925)과 푸앵카레(Jules-Henri Poincaré, 1854~1912)가 유클리드 기하학에서 비유클리드 기하학을 만들 수 있다는 사실을 증명했으며, 더 정확하게 말하면 힐베르트(David Hilbert, 1862~1943)가 유클리드 기하학의 모순을 증명함으로써 유클리드 기하학을 둘러싼 논란이 일단락되었다.

❀ 수학이 이끄는 내면 여행

기하학은 우리에게 새로운 시점이 있다는 것을 생각하게 해준다. 우리가 사는 세계, 지극히 당연하게 여겨졌던 세계가 사실은 어떠한 모습인지를 지금 이 자리에서 생각할 수 있는 일반적인 모델을 제공해 준다.

기하학뿐만이 아니다. 특수한 예에서 일반적인 사실을 이끌어 냄으로써 어떤 현상의 본질을 합리적으로 설명하는 것이 수학의 재미가 아닐까.

흔히 백문불여일견(百聞不如一見, 백 번 듣는 것이 한 번 보는 것보다 못 하다)이라 하는데 사실 한 번 본 것이 진실인지 아닌지 판별하기란 쉽지 않다. 예를 들어 우주선을 타고 우주 공간으로 날아가 보았다고 해서 우주 전체를 보았다고 할 수 있을까.

정확히 말하면 우리가 본 것은 가시광선 내에 있는 것뿐이다. 그것을 벗어나 있는 것은 바로 코앞에 있다 해도 보지 못한다. 더구나 우리가 볼 수 있는 사물의 크기는 한정되어 있다. 전자현미경을 통해 아주 작은 물체까지 볼 수 있지만 지금의 기술로는 소립자조차 볼 수 없다.

로켓 기술이 아무리 발달했다 해도 이동할 수 있는 거리는 목성까지밖에 되지 않는다. 지금 기술로는 그 이상 갈 수도 없으며, 그나마 편도로 갈 분량의 연료밖에 싣지 못한다. 따라서 우리가 경험하거나 직접 눈으로 확인할 수 있는 것은 극히 한정되어 있다.

그 한계를 뛰어넘을 수 있는 방법 중 하나가 수학이라는 열차에 올라타 머릿속을 여행하는 것이다. 가우스를 비롯한 위대한 수학 천재들이 남긴 법칙과 발견은 내면 깊숙이 머나먼 여행을 떠나 얻어 온 귀중한 선물이다.

003

✿ 가우스도 환호성을 지른 리만 기하학의 탄생

수학 역사상 손꼽히는 천재인 가우스는 같은 수학자들을 좀처럼 칭찬하지 않는 사람이었다. 자신을 능가하는 수학자는 없다고 생각했는지도 모른다. 그런 가우스가 극찬한 인물이 있었으니 바로 베른하르트 리만(G. F. Bernhard Riemann, 1826~1866)이다.

병약한 탓에 마흔 살이라는 이른 나이에 세상을 떠난 리만은 수학자로서 보낸 짧은 시간 동안 실로 선구적인 업적을 이뤄 냈다. 짧은 인생마저 불행하게 산 리만은 당시 다른 수학자들보다 훨씬 앞서 있었는데도 그를 인정해 주는 사람이 드물었다. "천재는 천재만이 이해할 수 있다."는 말처럼 그런 리만을 인정한 사람 중 하나가 천재 수학자 가우스였다.

리만은 19세기 인물이었으나, 그의 수학을 제대로 이해하기 시작한 시기는 20세기 이후였다. 리만이 정리한 기하학 체계를 '리만 기하학'이라고 부르는데, 리만 기하학 없이는 거시(macro) 세계인 우주는 물론 미시(micro) 세계인 소립자조차 파악하지 못할 만큼 중요하다.

즉 우주나 세계의 모습이 어떤지 알고자 할 때 가장 보편적이고 범용적인 사고 틀이 리만 기하학이다. 리만 기하학이 없다면 물리 법칙을 수식으로 표현할 수도 없다.

리만 기하학이 탄생한 것은 1854년 독일의 괴팅겐 대학교 교수 임용 시험에서 리만이 '기하학 기초에 근거한 가설들에 대해서'라는 강연을 했을 때였다. 강연을 들은 가우스가 이것이야말로 새로운 기하학의 탄생이라며 기뻐한 나머지 집으로 가는 길에 도랑에 빠졌다는 일화가 있다. 가우스가 그처럼 감탄했으니 리만 가설은 여기서 특별히 다룰 만하다고 할 수 있다.

✸ 모든 형태를 'n차원 다양체'로 파악하다

리만은 그 강연에서 최초로 '다양체(多樣體)'라는 개념을 주장했다. 가우스가 곡률이라는 개념을 이용해 곡면을 연구한 것과 로바체프스키와 보여이가 평행선의 공준은 증명할 수 없다는 결론에서 이끌어 낸 공간을 통일하는, 즉 형태와 공간을 완전히 새롭게 파악하는 방법이었다.

비유클리드 기하학이 불러일으킨 발상의 전환에서 더욱 발전한 것이 리만의 다양체 이론이다. 유클리드 기하학이 특수한 예에 속

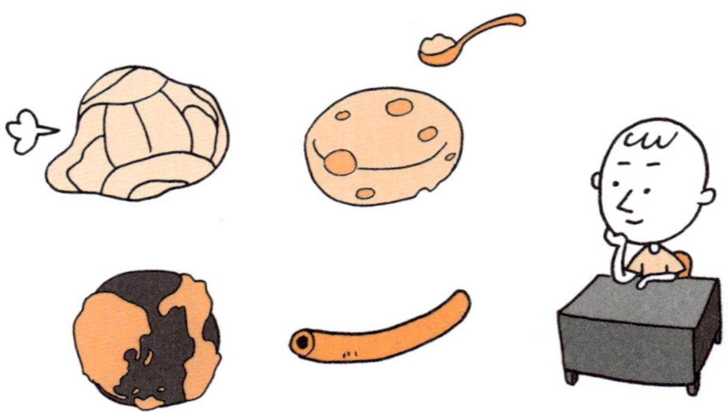

하는 비유클리드 기하학조차 다양체 이론에서는 일부분에 지나지 않는다. 또 다양체 이론을 더욱 발전시켜 '위상기하학(Topology)' 이라는 분야가 탄생하면서 물리적인 공간 인식도 새로운 국면을 맞이했다.

수학계에 엄청난 충격을 안겨 준 다양체란 도대체 무엇일까? 사실 다양체에 대해 알기 쉽게 설명할 수 있는 사람이 있다면 그 비법을 전수받고 싶을 만큼 난해한 개념이다.

다양체 개념이 형태와 공간이란 무엇인가를 밝혀낼 열쇠인 것은 분명하며 형태와 공간을 분류하고 명명하는 새로운 기준이기도 하다.

우리가 아는 형태에는 어떠한 것들이 있을까. 우선 원, 구, 다면체, 삼각뿔 등을 떠올릴 수 있다. 하지만 이것도 수많은 형태 중 극히 일부에 지나지 않는다. 예를 들어 여기저기 움푹 들어간 배구공은 무슨 형태라고 부를까. 숟가락으로 여기저기 파낸 치즈는 어떤 형태라고 불러야 할까.

리만은 형태와 공간을 분류하기 위해 '차원'이라는 개념을 채용해 모든 형태와 공간을 'n차원 다양체'로 정리했다. 참고로 이곳저곳 움푹 들어간 배구공과 여기저기 파낸 치즈는 둘 다 2차원 다양체이다. 지구와 잘라 낸 튜브 역시 2차원 다양체이다.

✺ n차원 다양체는 (n+1)차원에서 형태가 된다

여기에서 지구와 튜브는 입체이니 3차원 아닌가 하고 의문을 가지는 사람들이 있을 것이다. 점을 0차원, 선분(직선)을 1차원, 평면을 2차원, 입체를 3차원이라고 한다면 지구와 튜브는 분명 3차원이다.

하지만 그 도형의 표면에 주목한다면 도형 자체는 2차원인 평면이다. 이처럼 2차원의 표면을 갖고 3차원에서 성립하는 형태를 2차원 다양체라고 한다.

다시 말해 n차원 다양체란 (n+1)차원에서 성립하는 형태이다. 반대로 (n+1)차원에서 성립하는 형태의 전개도는 n차원에서 그릴 수 있다.

이 이론에 따르면 3차원 다양체는 4차원 공간에서 성립한다. 하지만 그 형태를 구체적으로 상상할 수 있을까? 상당한 훈련을 쌓지 않는 한 쉽게 떠올리지 못한다.

예를 들어 주사위(정육면체)는 3차원에서 성립하는 2차원 다양체이다. 즉 2차원 공간(평면)에서 전개도를 그릴 경우 쉽게 상상할 수 있는 익숙한 형태이다.

이번에는 주사위를 3차원 공간에서 집짓기처럼 쌓아 올린 형태(입체적인 십자가와 같은 형태)를 전개도라고 생각한 뒤, 그 전개도를 조립하면 어떤 형태가 될지 상상해 보자. 머릿속에 어떤 형태가 떠오르기는 하나 말로는 설명할 수 없을 것이다.

4차원 공간을 그림으로 설명할 수 없기 때문인데, 4차원 공간이란 3차원 공간의 좌표를 이루는 x축, y축, z축 그리고 이 세 가지 축과 직교하는 또 다른 축으로 이루어진 공간이다.

여기에서 주의해야 할 것은 4차원 공간과 4차원 시공은 그 성질이 다르다는 점이다. 4차원 공간은 시간이 포함되지 않은 것이다. 따라서 우리는 공간상으로는 3차원 공간에 존재하되 시공상으로는 4차원 시공(보기에만 그럴 뿐 사실은 10차원 시공이며, 이 부분은 뒤에서 설명하겠다)에 존재한다.

도라에몬을 좋아하는 사람이라면 여기서 4차원 주머니를 떠올릴 것이다. 여기서 4차원은 4차원 공간을 뜻한다. 도라에몬의 주머니 안쪽이 4차원 공간과 연결되어 있어 그곳에 있는 4차원 창고에서 여러 가지 재미있는 도구를 꺼내는 것이다.

차원과 공간에 대해 조금 덧붙여 설명하면, 2차원 공간, 3차원 공간이라고 할 때 2와 3이라는 숫자는 '자유도(自由度)'를 나타내는 것이다. 자유도란 자유롭게 움직일 수 있는 방향을 뜻한다. 점은 0차원이기 때문에 어느 쪽으로도 움직이지 못하며, 1차원인 직선은 직선 방향, 즉 한 방향으로만 움직일 수 있다. 2차원 공간에서는 x축

❶ 2차원 다양체는 3차원 공간에서 성립한다.

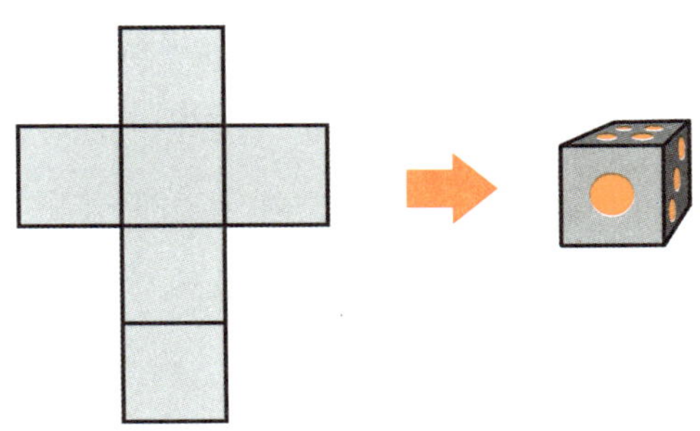

➡ 2차원 공간에서 전개도를 그릴 수 있다.

❷ 3차원 다양체는 4차원 공간에서 성립한다.

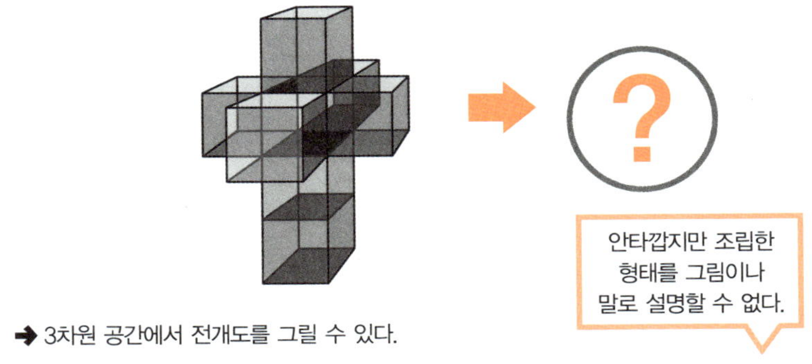

➡ 3차원 공간에서 전개도를 그릴 수 있다.

과 y축 두 방향, 3차원 공간에서는 x축, y축, z축 세 방향으로 움직일 수 있다.

❀ 머그잔과 도넛은 같은 형태

형태와 공간을 n차원 다양체로 파악하는 리만 기하학이 등장한 것을 계기로 전혀 새로운 위상기하학이 탄생했다. 위상기하학적 발상이 처음으로 싹튼 것은 18세기를 대표하는 수학자 레온하르트 오일러(Leonhard Euler, 1707~1783)의 다면체 정리이다. 오일러는 다면체의 꼭짓점과 변, 면 사이에 다음과 같은 관계식이 성립한다는 것을 발견했다.

$$\text{(꼭짓점의 수)} - \text{(변의 수)} + \text{(면의 수)} = 2$$

위상기하학으로 풀이했을 때 이 관계식이 성립하는 다면체를 연속적으로 변형하면 모두 구가 된다. 위상기하학의 기본 개념은 연속적인 변형으로 같은 형태가 되는 다면체를 같은 형태로 간주하는 것이다. 가장 알기 쉬운 예는 알파벳이다. 가령 D와 O, C와 S는 위상기하학으로 볼 때 같은 형태이며, 다각형과 원, 그리고 구와 정육면체도 같은 형태이며, 손잡이 달린 머그잔과 도넛 역시 같은 형태이다.

하지만 구와 도넛은 같은 형태가 아니다. 구는 아무리 연속적으로 변형한다 해도 구멍 뚫린 도넛이 되지 않기 때문이다. 손잡이 달린 머그잔과 도넛은 둘 다 구멍이 하나이고 연속적이기 때문에 같

위상기하학으로 볼 때 같은 형태이다.

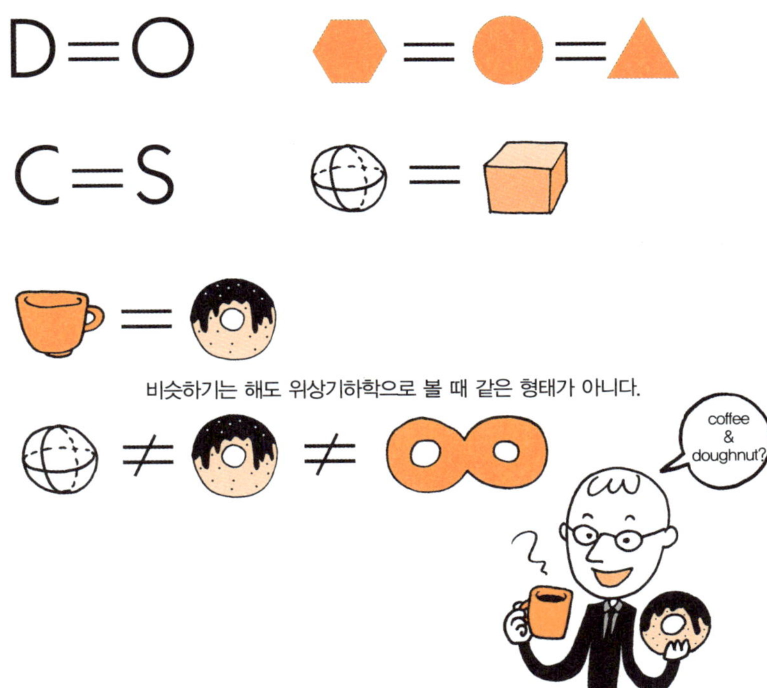

은 형태이다. 이처럼 위상기하학으로 보면 얼핏 달라 보여도 같은 형태라는 것을 깨닫게 된다. 말하자면 구조가 보이는 것이다.

✿ 우주는 4차원 공간에 형성된 3차원 다양체

구조를 파악하는 일은 우주를 제패하는 데 있어 없어서는 안 될 요소이다. 즉 우주가 어떤 형태를 띠고 있는지 알아내기 위해서는 위상기하학의 힘을 빌려야 한다. 우리는 우주 전체를 한눈에 볼 수 없으므로 일부를 가지고 전체를 유추할 수밖에 없는데, 그 수단 중 하나가 위상기하학이다.

빅뱅 이후 우주 공간이 계속 팽창하고 있다고 하니 우주는 구와 같은 형태라고 생각하기 쉽다. 하지만 사실 도넛과 같은 토러스(torus) 형태로 추측하고 있다.

도넛은 3차원 도형이지만 표면만 보면 2차원 다양체이다. 좀 더 정확히 말하면 2차원 폐곡면이 3차원 공간에 떠 있는 형태가 도넛이다. 마찬가지로 지구 역시 2차원 폐곡면이 3차원 공간에 떠 있는 형태이다.

같은 방식으로 생각하면 3차원 폐곡면은 4차원 공간에 떠 있는 것이다. 이처럼 4차원 공간에서 실현된 3차원 폐곡면(3차원 다양체)이야말로 우주의 모습이다. 그것이 어떤 형태인지를 알아보려면 우리는 4차원 공간을 머릿속으로 그리는 훈련을 거듭해야 한다.

우리는 일상생활에서 알게 모르게 그러한 훈련을 쌓아 가고 있다. 예를 들어 눈앞에 머그잔이 놓여 있다고 하자. 우리는 그것이 머그잔이라고 생각함과 동시에 "오늘 집에 가면 청소를 좀 해야지."라고 자기 방을 떠올릴 수 있다. 눈앞에 있는 3차원 물체를 보면서 눈앞에 없는 방 안을 떠올리는 것은 3차원 공간을 이루는 세 축에 다른 한 축을 더하는 것, 즉 4차원적으로 사물을 보는 것과 같다. 우리는 이러한 일을 일상적으로 행하고 있다. 실제로는 3차원 공간에서 4차원 공간으로 옮겨 갈 수 없지만 상상의 세계, 즉 머릿속에서는 충분히 가능한 일이다.

우리는 실제로 차원을 뛰어넘기도 하는데 바로 사물을 볼 때이다. 본래 인간의 망막은 2차원인 평면이기 때문에 2차원으로 사물을 본다. 그렇게 2차원 평면에 비치는 사물을 보고 상상력을 발휘하여 더욱 깊이 있게 3차원 형태로 파악하는 것이다.

결국 3차원 공간이나 3차원 세계도 우리 머릿속에서 만들어지는 것이다. 그러므로 4차원 공간에 떠 있는 3차원 다양체인 우주의 모습도 머릿속으로만 그려 볼 수 있다.

3차원 다양체에 관한 '푸앵카레 추측'이라 불리는 난제를 2003년 그리고리 페렐만(Grigori Y. Perelman)이 증명했다. 1904년 앙리 푸앵카레가 "3차원 다양체는 3차원 구면과 같은 형태이다."라는 내용으로 제기한 이 문제는 세계 7대 수학 난제로 100년 가까이 해결하지 못한 것이었다.

이 문제를 간단히 설명하면 다음과 같다. 우선 우주라는 3차원 다양체 내의 한 지점에 긴 밧줄을 고정한다고 상상해 보자. 예를 들어 지구에 밧줄을 빙 둘러 고정하고 로켓이 이 밧줄의 끝부분을 매달고 우주를 일주한 뒤 지구로 돌아오면 밧줄의 양끝을 잡아당긴다. 이 밧줄을 전부 회수하면 우주는 3차원 구면과 같은 형태(동상)라는 것을 알게 된다.

푸앵카레 추측에서 말하는 것처럼 우주가 3차원 다양체인지는 아직 밝혀지지 않았지만 3차원 다양체의 정체를 알게 되었다는 점에서 그 의미가 크다. 이것이야말로 수학으로 우주를 제패한 구체적인 성과가 아닐까.

우주의 최소 단위는 '끈'이었다

001

✸ 상대적인 시간과 공간이 우주를 구성한다

가우스와 보여이, 민코프스키는 우주 공간이 유클리드 기하학에서 다루는 평평한 공간이 아니라 휘어진 공간이라는 사실을 밝혀냈다. 그렇다면 우주처럼 휘어진 공간을 설명하는 데는 어떤 개념과 수단이 필요할까. 이때 등장한 것이 비유클리드 기하학이며 이것을 새로운 공간 이론으로 발전시킨 것이 바로 리만 기하학이다.

리만은 수학적 개념인 위상기하학을 이용해 유클리드 공간과 비유클리드 공간 모두를 포함한 공간과 그 공간에 놓인 물체의 형태를 'n차원 다양체'라는 개념으로 파악했다.

아인슈타인의 특수상대성이론과 일반상대성이론도 리만 기하학을 토대로 설명할 수 있는데, 아인슈타인은 4차원 시공간을 연구함으로써 우주의 구조를 밝혀내려고 했다.

아인슈타인은 마지막까지 중력 문제로 고심했는데 후대 물리학
자들 역시 중력을 어떻게 파악하고 기술할지가 큰 과제였다. 물리
학자들은 아인슈타인이 생각한 것처럼 우주가 4차원 시공간보다
더 고차원적인 세계이며, 그러한 가정 아래에서만이 중력 문제에
접근할 수 있다고 추측했다.

그러기 위해서는 우선 우주의 근원을 찾아야 했다. 우주란 어떤
것일까. 이것이 바로 우주 제패의 진정한 의미이다.

우주의 근원이 무엇인지는 두 가지 방향으로 생각해 볼 수 있다.
하나는 공간으로 생각하는 것이다. 우주 공간에는 다양한 물체가
넘쳐나며 그 물체들이 모든 형태를 이룬다. 그 물체들은 대체 무엇
으로 만들어졌을까. 즉 물질의 최소 단위는 무엇인가.

또 하나는 시간으로 생각하는 것이다. 우주는 언제 탄생했으며
어떻게 성장해 왔는가. 이것은 우주의 역사와 진화를 탐구하는 일
이다.

물론 이것은 위상기하학적인 문제 제기 방식이다. 우주라는 단어
에 이미 '공간'과 '시간'의 의미가 포함되어 있기 때문에 우주를 탐
구하는 일은 곧 시간과 공간을 탐구하는 일이다.

또 여기에서는 시간과 공간을 구분했지만 현대 과학으로 보면 잘
못된 것이다. 뉴턴 시대까지 시간과 공간은 별개의 개념, 즉 절대 시
간과 절대 공간이었다. 하지만 아인슈타인은 절대 시간과 절대 공간
이라는 개념을 부정했다. 부정했다기보다 불충분한 사고방식이었기
때문에 그 한계를 극복했다고 표현하는 것이 맞을지도 모르겠다.

시간과 공간은 나눌 수 없다. 쉽게 말해 시간과 공간은 같은 것이다. 시간으로 볼 것인가, 공간으로 볼 것인가 하는 차이가 있을 뿐이다. 그런 의미에서 보면 시간과 공간은 서로 상대적이다. 아인슈타인의 상대성이론에서 유일하게 절대적인 것은 진공 속에서 1초에 약 30만km를 가는 빛의 속도뿐이다.

따라서 우주의 근원을 찾기 위한 두 가지 방향은 사실 같은 것이다. 자, 이제 우주의 근원을 찾아 여행을 떠나 보자.

✸ 소립자는 '입자'가 아니다

물질은 무엇으로 이루어져 있을까? 여기서 말하는 '무엇'이란 치즈는 우유로 만들고, 물은 수소와 산소로 이루어져 있다는 것과 같은 의미가 아니다. 그보다 더 작은 세계를 들여다보아야 한다.

우선 물질은 '분자'가 무수히 늘어선 것이며 분자 하나하나를 구성하는 것이 '원자'이다. 또 원자는 '양성자'와 '중성자'가 결합된 원자핵과 '전자'로 이루어져 있다. 이것이 20세기 전반까지 알려진 상식이었다. 그러나 지금은 여기에 더해 양성자와 중성자를 구성하는 '쿼크(quark)'라는 물질이 밝혀졌다.

쿼크는 물질을 구성하는 최소 단위, 즉 '소립자'의 정체이다. 현대 물리학에서는 이보다 더 작은 물질이 아직까지 발견되지 않았다. 만약 쿼크의 내부 구조가 발견된다면 그 순간 쿼크는 더 이상 소립자가 아니다.

물질의 최소 단위인 소립자는 어떤 것일까. 우선 더 이상 나눠질 수 없으니 공간적 크기가 없는 존재, 즉 0차원의 점이다.

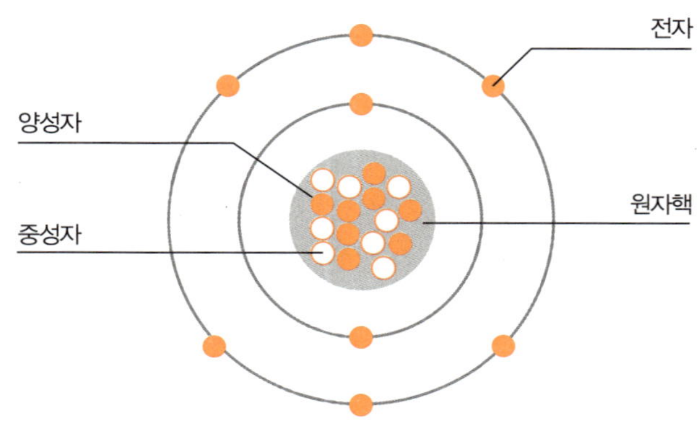

여기까지는 어느 정도 상상할 수 있을 것이다. 돌멩이를 한없이 잘게 부숴 더 이상 쪼갤 수 없는 상태가 되면 보일 듯 말 듯한 점이 되는데, 소립자를 '입자'로 상상한다면 이런 것이다.

20세기 중반까지 우주를 구성하는 근원적인 물질은 점과 같은 소립자(이 단어 자체가 입자를 떠올리게 한다.)였다. 그런데 소립자를 크기가 없는 0차원의 점으로 가정했을 때, 여러 가지 문제가 제기되면서 반대 이론이 등장하기에 이르렀다.

❈ 끈이론의 한계를 극복한 초끈이론

1970년, 기존의 소립자로 설명할 수 없는 여러 가지 문제점을 해결하는 이론이 등장했는데, 바로 일본인 난부 요이치로(南部陽一郎)와 고토 데츠오(後藤鐵男)가 발표한 '현이론'이다. 발표한 사람의 이

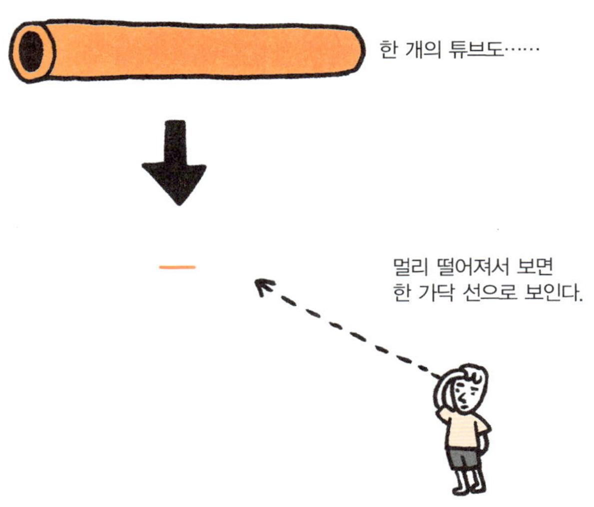

름을 따서 '난부의 현'이라고도 하는데 현(弦)이란 쉽게 말하면 '끈'이다. 그래서 '끈이론'으로 불리기도 한다.

끈이론에 따르면 소립자는 0차원의 점이 아닌 공간을 점유하는 1차원의 끈이다. 그 끈이 회전하거나 진동함으로써 다양한 종류의 소립자가 만들어진다. 단, 이 끈은 26차원이라는 상상할 수도 없는 고차원적인 시공이 아니면 안정된 운동을 할 수 없다. 끈이론을 쉽게 말하면 대략 이런 것이다. 끈이 회전하여 만들어진 형태, 예를 들어 호스를 싹둑 자른 듯한 튜브를 상상해 보자. 멀리 떨어져서 튜브를 보면 하나의 선(끈)으로 보인다. 하지만 가까이 가면 끈이 아닌 튜브라는 것을 알게 된다.

소립자가 점이 아닌 끈이라는 획기적인 이론이 등장하면서 과학자들은 지금까지 해결하지 못한 문제들을 설명할 수 있을 것이라고 기대했다.

하지만 끈이론에는 한계가 있었다. 무엇보다 26차원이라는 시공에서 가능하다는 것이 문제였다. 아무리 애를 써도 우리가 상상할 수 있는 것은 기껏 해야 4차원 시공이나 4차원 공간 정도이다(사실은 이것마저도 어렵다.). 그 밖에 이론적으로 여러 가지 결함이 발견되면서 끈이론은 한때 소립자 물리학 세계에서 잊혀지고 말았다.

한계를 극복하고 끈이론에 다시 스포트라이트를 비춘 인물이 존 H. 슈워츠(John H. Schwarz)와 마이클 B. 그린(Michael B. Green)이라는 물리학자였다. 1984년 슐츠와 그린이 제창한 '초끈이론'은 물리학계를 엄청난 흥분의 도가니로 몰아넣었다.

✸ 만능 해결사 초끈이론

초끈이론의 핵심은 수학적인 개념인 대칭성을 도입한 초대칭성이다. 대칭성이란 얼핏 다르게 보이더라도 자세히 보면 정반대 방향이나 성질을 지녀 서로 교체할 수 있거나 같은 것(한 쌍)으로 취급할 수 있음을 말한다. 초대칭성이란 보존(boson)과 페르미온(fermion)이라는 성질이 다른 두 입자 간의 교체에 대응하는 대칭성을 말한다.

초기 우주에서 초대칭성이 존재했다고 가정하면 지금까지 설명할 수 없었던 문제들을 모순 없이 설명할 수 있다.

또 초끈이론은 상대론과 양자론에 정확히 들어맞는다. 간단히 말

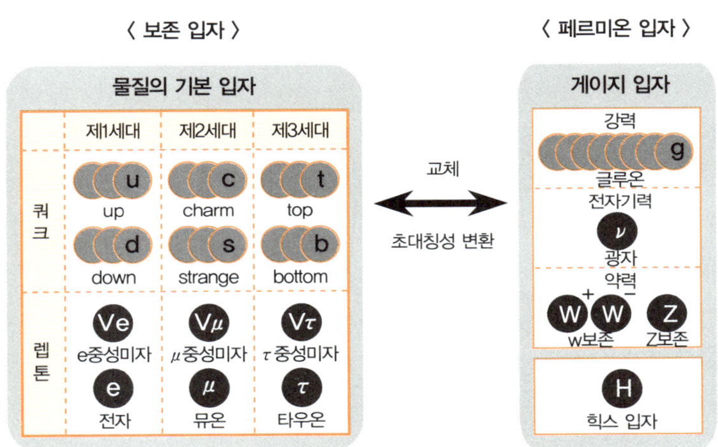

하면 양자론은 미시 세계를, 상대론은 거시 세계를 다루는 이론이다. 초끈이론이 두 가지 중 어느 쪽에도 모순되지 않는다는 것은 두 가지 이론을 통일할 수도 있다는 뜻이다.

더구나 끈이론에서는 26차원 시공까지 생각해야 했지만 초끈이론에서는 10차원 시공까지만 생각하면 된다. 10차원은 보통 우리의 감각으로 인식할 수 있는 3차원 공간(가로, 세로, 높이)에 시간을 더한 4차원과 6차원 시공으로 나눌 수 있다.

참고로 끈이론에서는 우주의 근원을 이루는 물질(소립자)인 1차원 끈의 크기(길이)를 10^{-15}m, 초끈이론에서는 10^{-35}m로 가정했다. 우리가 10^{-35}m의 세계를 들여다볼 수 있다면 10차원의 세계 또한 볼 수 있다. 어떤 세계일지 상상조차 할 수 없지만 말이다.

☀ 우주에 작용하는 네 가지 힘

우주의 근원이나 물질의 최소 단위를 밝혀내기 위해 등장한 끈이론과 초끈이론에는 또 다른 목적이 있다. 바로 우주에 작용하는 '힘', 더 구체적으로 말하면 우주에 작용하는 힘의 정체를 밝혀내 하나로 통일하는 것이다.

우주에는 수많은 별들이 떠 있으며 별들 사이에는 만유인력과 중력이 작용한다. 또 전자석 두 개를 가까이 두면 N극과 S극은 서로 끌어당기고 플러스(+)는 플러스끼리, 마이너스(-)는 마이너스끼리 서로 밀어내는 전자기력이 작용한다. 그와 마찬가지로 원자와 소립자 내에도 서로 작용하는 힘이 있다. 이처럼 모든 물질 내에는 어떤 힘이 작용한다.

우주에 작용하는 힘으로 지금까지 확인된 것은 원자핵 안에서 작용하는 핵력인 약력과 강력, 패러데이(Michael Faraday, 1791~1867)가 고안하고 맥스웰(James C. Maxwell, 1831~1879)이 방정식으로 정리한 전자기력, 그리고 중력 총 네 가지이다. 물론 말로는 약력이라고 하지만 실제로는 그 힘이 어마어마해서 원자력 발전에 이용되어 전기를 생산하거나 원자폭탄에 쓰이기도 한다.

지금은 이 네 가지 힘을 별개로 다루고 있으나 우주가 탄생할 무렵에는 하나의 힘이었을 것으로 추측하고 있다. 시간이 흐름에 따라 네 가지 힘이 어떻게 분리되었는지를 설명하는 것이 끈이론과 초끈이론의 사명이다.

이것을 바꿔 말하면 과거로 거슬러 올라가 네 가지로 분리된 힘을 하나로 통일한다는 것이다.

현재는 우선 전자기력과 약력을 하나로 통일한 '전약통일이론'이 있는데, 이 이론을 만드는 데 공헌한 사람 중 하나가 일본의 도모나가 신이치로(朝永振一郞)이다.

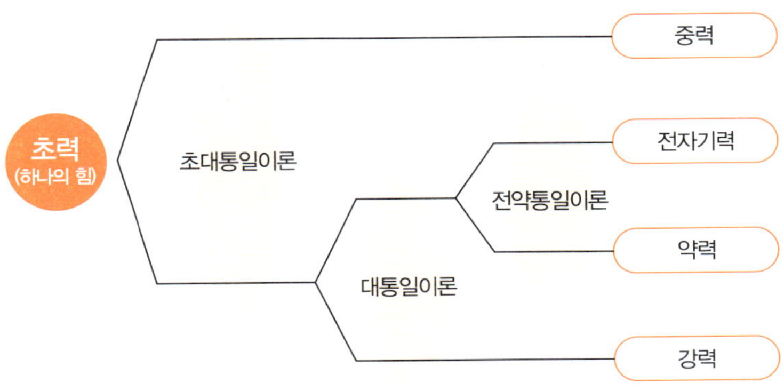

또 하나는 '전자기력＋약력'과 강력을 통일한 '대통일이론'이다. 대통일이론을 설명하는 데는 끈이론이 필요하다. 노벨상을 수상한 고시바 마사토시(小柴昌俊)는 슈퍼 가미오칸데*라는 장치를 이용해 중성미자(neutrino)라는 소립자에 질량이 있다는 사실을 확인했는데, 이것은 대통일이론을 검증하는 것과 관련이 있다.

현대 물리학이 추구하는 최고의 꿈은 '전자기력＋약력＋강력'과

---

* 슈퍼 가미오칸데(Super-Kamiokande) : 도쿄 대학교 우주선 연구소가 기후 현 가미오카 광산 내에 건설한 중성미자 검출 장치.

중력을 통일하는 것, 즉 '초대통일이론'을 완성하는 것이다. 이 초대통일이론을 설명하는 데 필요한 것이 또한 초끈이론이다. 초대통일이론은 TOE라고 하는데, TOE는 'Theory of Everything'의 약자로, 직역하면 '만물의 법칙'이다. 얼마나 대단한 이론인지 이름만으로도 충분히 상상할 수 있을 것이다.

이 장 서두에서도 언급했지만 중력은 설명하기가 쉽지 않을 만큼 상당히 골치 아픈 것이다. 중력에 대한 이론적 연구는 지금도 계속되고 있다. 아인슈타인은 죽기 직전까지 전자기력과 중력을 통일하는 이론을 연구했지만 끝내 이루지 못했다.

중력을 포함한 네 가지 힘을 통일하는 수단으로 유일하게 가능성을 보이는 후보가 바로 초끈이론이다.

✹ 진동하는 끈이 이 세상을 유한한 세계로 만든다

소립자가 점이 아닌 끈이라는 생각은 참으로 독특한 발상이 아닐 수 없다. 바이올린의 현과 같다고 해야 할까. 바이올린은 현의 진동으로 다양한 음을 만들어 낸다. 그와 마찬가지로 끈의 진동 방식에 따라 몇백 종류나 되는 소립자가 만들어진다. 현이 어떻게 진동하느냐에 따라 다양한 음이 만들어지듯이 끈이 진동하는 방식에 따라 다양한 종류의 소립자가 만들어지는 것이다.

초끈이론에서는 중력을 고리처럼 생긴 닫힌 끈으로 가정하는데, 이것이 중력을 일으키는 원천인 '중력자(graviton)'이다. 멀리서 보면 입자처럼 보이지만 가까이에서 보면 진동하는 끈인 것이다. 물론 직접 볼 수는 없으니 정말 끈과 같은 모양인지는 알 수 없다. 단지 소립자를 점이라고 가정하면 모든 현상이 무한대가 되어 수습할 길이 없다(이런 경우를 두고 "이론이 발산한다."고 표현한다).

하지만 자연계에서 일어나는 현상이 무한할 수 없다. 반드시 유한하다. 그러므로 이 문제를 해결하려면 소립자를 끈으로 보아야 한다. 그러면 이론이 발산하는 것을 막고 물질과 현상을 유한한 존재로 파악할 수 있다.

✸ 이면에서 실체를 만들어 내는 파동함수

우주의 근원을 찾기 위해 소립자의 세계를 여행하다 보면 "실체란 무엇인가?"라는 질문에 맞닥뜨리게 된다. 소립자의 모양이나 성질을 밝혀내는 일은 결국 이 세계가 어떻게 이루어져 있는가를 생각하는 일이다.

이때 진가를 발휘하는 것이 양자역학이다. 앞에서도 설명했지만 양자역학은 미시 세계를 연구하는 학문으로, 역시 소립자는 입자가 아니라는 전제하에 다양한 이론이 만들어졌다.

양자역학에 따르면 이 세상을 존재하게 하는 물질이 '양자'이다. 하지만 양자는 실체가 없는 물질이므로 입자처럼 만질 수 있는 것이 아니다. 아니, 이 또한 정확한 설명이 아니다. 양자란 때로는 입자처럼 보이기도 하고 때로는 파동처럼 보이기도 한다. 이처럼 입자이기도 하고 파동이기도 한 물질이 양자이다.

양자 세계가 '모호하다'는 것을 보여 주는 이론이 하이젠베르크의 '불확정성 원리'이다. 우리는 입자의 '위치'와 '운동량'을 지표로 삼아 어떤 물체의 실체를 파악한다. 운동량이란 입자의 질량에 속도를 곱한 것으로 운동의 강도를 나타낸다. 위치와 운동량을 알면 그 물체의 실체가 결정되는데 양자역학에서는 이 두 가지를 동시에 측정하지 못한다. 위치를 정확하게 측정하려고 하면 운동량을 알 수 없고 운동량을 정확하게 측정하려고 하면 위치를 알 수 없다.

이것이 바로 불확정성 원리인데, 이 세상에 객관적인 실체란 없다는 뜻이다. 위치를 보느냐, 양을 보느냐에 따라 실체가 변한다는 것이다.

우리는 이 세상에 있는 물체를 아주 세밀하게 쪼개고 또 쪼개면 결국 입자처럼 된다고 생각한다. $1+1=2$가 되는 세계라면 맞는 말이다. 일상생활에서는 별 문제 없는 사고방식이지만 자연은 그렇지 않다. 자연은 입자이면서 파동이기도 한 상반되는 성질을 동시에 지닌 양자로 이루어져 있다. 이것이 실체의 진정한 의미이다.

이 실체를 만들어 내기 위해 움직이는 것이 바로 '파동함수(波動函數)'이다. 기호로는 그리스 문자 Ψ라고 표시하며, '프사이'라고 읽는다. 파동함수(Ψ)가 현상계 뒤에서 지탱하면서 세상에 실체를 만들어 낸다.

다시 말해 양자역학이 밝혀낸 것은 현상의 이중성이다. 표면 세계에 밀착되어 있는 이면의 세계가 실체를 생성한다. 이면의 세계

에서 조물주로 군림하는 존재가 파동함수며, 이 파동함수가 우주의 현상을 만들어 낸다.

파동함수는 1925년 오스트리아의 물리학자 슈뢰딩거(Erwin Schrödinger, 1887~1961)가 제창한 슈뢰딩거 방정식에 의해 만들어진 것이다.

$$H\Psi = E\Psi$$

H는 해밀토니안(Hamiltonian)으로 에너지를 위치와 운동량으로 나타낸 함수(해밀턴 연산자라고도 한다)이며, E는 관측되는 에너지를 나타낸다.

✿ 우리는 복소(複素) 공간에 존재한다

지극히 단순한 이 수식이 보여 주는 세계는 상상을 초월할 만큼 심오하다. 무엇보다 우주를 탄생시킨 주인공이니 말이다.

"이러저러한 것이 여기 있다."라고 하면 보통 "있으니 있는 거잖아, 그럼 됐지."라고 넘어가지만 양자역학은 결코 적당히 넘어가는 법이 없다.

파동함수는 양자의 존재를 나타낸다. 다시 말해 자연을 밑에서 지탱하는 숨은 일꾼과 같다. 우주는 무(無), 즉 에너지가 0인 상태에서 탄생했다는 이론을 슈뢰딩거 방정식으로 나타내면 다음과 같다.

$$H\Psi = 0$$

이것은 우주 탄생의 방정식이라고 할 수 있다. 에너지가 0이라도 미세한 흔들림은 있을 수 있으며 그 흔들림 속에서 우주가 태어났다는 것이 양자역학에서 말하는 우주 탄생 시나리오이다.

파동함수는 눈에 보이지 않는데 수학에서는 '복소(複素) 공간'이라는 세계에 파동함수가 존재한다. 복소 공간 안에 우주가 존재하는 것이다. 보이지 않으니 당연히 만질 수도 없지만 틀림없이 그 자리에 있는 위대한 존재가 파동함수이다.

파동함수는 시간과 위치의 함수이다. 즉 시간과 위치에 따라 파동함수의 성질이 변하며, 그 성질이 바로 확률이다. 파동함수를 제곱하면 확률인 실수(實數)가 나타난다.

사실 파동함수의 정체는 확률이다. 바꿔 말하면 이럴지도 모르고 저럴지도 모르는 가능성의 총체이다. 확률(또는 가능성)은 일정하지 않으며 시간이나 위치에 따라 변한다.

❀ 상자 속 고양이는 살아 있을까, 죽었을까?

원자를 설명할 때 주로 인용하는 것이 전자가 원자핵 주위를 돌고 있는 모델이다. 그러나 양자역학에서 보면 이 모델은 옳지 않다. 전자는 관측할 때 입자로 보이는 것이지 관측이라는 행위가 없다면 단지 그곳에 전자가 있을지도 모른다는 가능성만 있을 뿐이다.

그곳에 물체가 있는 것은 누가 봐도 틀림없는 사실인데, 단지 확률로 있을 뿐 존재하지 않을지도 모른다니, 정말 말도 안 되는 소리다.

예를 들어 찬장 안에 커피 잔을 넣어 두었다고 했을 때 커피 잔은 당연히 찬장에 있다고 생각하겠지만 사실 거기에 없을지도 모른다. 또 커피 잔은 찬장뿐 아니라 어디에든 있을 수 있다. 뚱딴지 같은 소리로 들리겠지만 양자역학으로 생각하면 찬장 안에 커피 잔이 있을 확률은 100퍼센트가 아니다.

양자역학을 설명하는 책에는 반드시 나온다고 해도 좋을 만큼 자주 등장하는 '슈뢰딩거의 고양이'라는 사고(思考) 실험을 살펴보자.

우선 고양이를 상자 속에 넣는다. 상자 속에는 방사성 물질인 라듐과 라듐에서 방출되는 알파 입자를 탐지하는 장치, 알파 입자가 탐지되면 청산 가스가 나오는 장치가 들어 있다. 청산 가스가 나오면 고양이가 죽게 되는데 라듐이 알파 입자를 방출할 확률은 1/2이다. 즉 고양이는 1/2의 확률로 살고 1/2의 확률로 죽는다. 그럼 뚜껑을 닫고 일정 시간 동안 그대로 두면 고양이는 살아 있을까, 죽었을까?

보통은 살아 있든지 죽었든지 둘 중 하나라고 대답할 것이다. 하지만 양자역학에서는 그런 답이 나올 수 없다. 상자 속이 보이지 않으니 살아 있다고도 죽었다고도 할 수 없다.

양자역학은 살아 있는 고양이와 죽은 고양이가 포개진다고 대답한다. 생사의 확률은 1/2이니 반은 살아 있고 반은 죽은 상태라는 것이다. 그게 무슨 해괴망측한 괴물이냐고 하겠지만 이것이 양자역학에서 내놓는 답이다. 보이지 않는 상자 속에 들어 있는 고양이는 괴물과 같은 상태이다.

하지만 상자 뚜껑을 여는 순간 반은 살아 있고 반은 죽은 그 괴물 고양이는 살아 있든지 죽었든지 어느 한쪽 상태로 바뀐다. 즉 뚜껑을 열어서 본다(관측한다)는 행위가 고양이의 생사를 결정하는 것이다.

말도 안 된다는 불평이 들리는 듯하다. 우리가 보든 보지 않든 그것이 고양이의 생사와는 아무 상관이 없다. 하지만 양자역학의 세계에서는 그렇지 않다. 우리가 보았기 때문에 고양이가 살아 있는 것이고, 우리가 보았기 때문에 죽은 것이다.

이 논리는 원자나 소립자 세계에도 적용된다. 어쩌다 관측을 했기 때문에 전자가 보이는 것이지 관측하지 않았으면 전자가 있는지 없는지도 모른다. 어느 물체가 그곳에 있다는 것은 가능성이 있다

슈뢰딩거의 고양이 실험

1/2의 확률로
청산 가스가 나온다.

보이지 않는 상자 속의
고양이는
반은 살아 있고
반은 죽은 상태이다.

상자를 열어서 본다(관측한다)는 행위가 고양이의 생사를 결정한다.

는 의미이다. 그 가능성을 우리가 관측함으로써 비로소 그곳에 있다고 할 수 있다.

✽ 영적인 세계, 평행 우주

미시 세계까지 내려가면 가능성의 양자만 존재한다. 여기 있는 물체는 저기에도 있을지 모르며, 저기 있는 물체가 여기에도 있을지 모른다. 즉 여기와 저기 사이에 경계란 없다. 여기와 저기는 연결되어 있다. 여기도 저기, 저기도 여기인 것이다.

그러므로 이 우주에서는 하지 않은 일을 어딘가 다른 우주에서는 하고 있을 수도 있다. 그러한 우주를 '평행 우주(Parallel World, 평행 세계)'라고 한다. 이 우주에서 아침 식사로 빵을 먹은 내가 평행 우주에서는 된장찌개를 먹었을지도 모른다.

간혹 평행 우주를 우리가 사는 우주와 다른 차원의 세계라고 상상하는데 사실은 같은 차원의 세계이다. 또 평행 우주는 하나만 있는 것이 아니라 무한히 존재하는 것이다. 가능성(확률)이 분기(分岐)할 때마다 평행 우주는 끝없이 생성된다.

평행 우주는 공상 과학의 세계에서나 있는 일이라는 의심이 들지도 모르겠다. 하지만 이것은 분명 허구의 세계가 아니다. 이것은 물리학의 범위 안에서 양자역학을 이용해 논리적으로 생각한 사람들이 있다.

더 이상 깊이 파고들지 않겠지만 평행 우주의 상징이라 할 만한 이론이 에버렛(Hugh Everett)이 주장한 '다세계(多世界) 이론'이다. 이야기가 조금 영적인 주제로 흘러갔지만 양자역학을 다루다 보면 어쩔 도리가 없다. 심령술을 모두 속임수라고 단정하기 힘든 이유도 여기에 있다.

✸ 보는 사람이 없다면 이 세상에는 아무것도 존재하지 않는다

파동함수가 이 세상과 밀착되어 있는 이면의 세상에서 불쑥 찾아와 이 세상에 실체를 만들어 낸다. 보이지 않는 존재가 눈에 보이는 존재를 만들고, 분명 눈앞에 있는 물체가 사실은 없을지도 모른다.

양자역학을 배우다 보면 정령들이 날아다니는 신비한 세계가 실제로 있는 듯하다. 하지만 불교사상에 익숙한 동양인에게는 전혀 낯선 세계만은 아닌 듯하다. 양자역학을 통해 들여다보는 '실체'는 '덧없는 세상', '색즉시공 공즉시색'*의 사상과 어딘가 닮은 데가 있다.

사실 뉴사이언스** 붐이 일던 1980년대에는 양자역학과 불교를 비롯한 동양사상 사이에 비슷한 점이 있다는 사실이 큰 화제를 불러일으켰다. 하지만 파동함수가 실체를 만든다고 해도 어떻게 만드는지는 아직까지 밝혀지지 않았다. 입력과 출력은 알지만 중간 과정을 모르는 것이다.

단지 여기에서 인간이라는 존재가 필수불가결하다는 것만은 확실하다. 파동함수는 가능성의 총체일 뿐 어떤 가능성이 실현되는지 파동함수 자체는 알지 못한다. 인간이 관측한 순간 가능성이 실체

---

* 색즉시공 공즉시색(色卽是空 空卽是色) : 대승불교의 경전인 「반야바라밀다심경(般若波羅蜜多心經)」에 나오는 구절. "모든 유형의 사물은 공허한 것이며, 공허한 것은 유형의 사물과 다르지 않다."는 뜻이다.

** 뉴사이언스(new science) : '새로운 시대의 과학'이라는 뜻이며, 기존의 자연과학적 사고방식을 근본적으로 반성하며 새로운 사고방식을 모색하려는 개혁 운동

가 되어 나타나기 때문이다. 자연 또한 마찬가지다.

우리 눈앞에 커피 잔이 있는 것은 우리가 그것을 커피 잔으로 보기 때문이다. 우리가 보지 않으면 여기에 커피 잔이 있는지 없는지 모른다. 하지만 왜 하나의 가능성만 실현되는지는 알 수 없다. 다만 관측한 순간 하나의 실체로 나타날 뿐이다.

이 우주가 우주일 수 있는 것은 누군가가 관측하기 때문이다. 쉽게 말하면 망원경으로 매일같이 열심히 우주를 바라보는 사람이 있기 때문에 우주가 존재하는 것이다.

❀ 양자역학의 끝에 자리 잡은 인간의 마음

"여기에 물체가 있다."는 것은 사실 신비롭기 그지없는 현상이다. 단 몇 마디로 쉽게 말할 수 있는 것이 아니다.

일상생활에서는 그 정도로 깊이 생각할 필요 없지만, "여기에 물체가 있다."라고 무엇인가를 양자역학적으로 생각하는 일은 살아가는 데 있어서 결코 헛된 일이 아니다. 양자역학을 파고들다 보면 우주의 근원은 물론 인간의 마음에까지 도달하게 된다. 관측함으로써 실체를 결정 짓는, 즉 가능성을 결정하는 우리의 마음이란 무엇인가.

인간(이라는 물질)에게 마음이 있는 것은 분명한데 "이것이 마음이오."라고 꺼내 보여 줄 수는 없다. 데카르트는 정신과 물질을 나누어 생각했는데, 아무래도 마음을 따로 끄집어낼 수 없기에 선택한 고육지책이 아니었을까. "나는 생각한다. 고로 나는 존재한다."는 말은 그러한 고뇌 속에서 중얼거린 말인지도 모른다.

소립자도 마찬가지다. 물질(우주)을 구성하는 최소 단위이기는 하지만 "이것이 소립자요."라고 끄집어내 볼 수 없다.

양자역학을 이용해 사람의 마음을 설명할 수 있다면 그보다 더 멋진 일이 있을까. '마음'을 '나'로 바꿔 생각해도 좋다. "사람의 마음이란 무엇일까."는 곧 "나는 무엇일까."와 같은 것이다.

나라는 존재와 똑같은 사람을 만들어 낼 수 있을까? 똑같은 뇌세포와 몸 그리고 정보(과거 경험)를 부여한다면 지금의 나와 똑같아질까? 그렇지 않다. 나를 닮은 누군가일 뿐 나는 아니다. 나에게 나로 보이는 나는 나 자신뿐이다. 물론 평행 우주에는 나와 똑같은 내가 살고 있을지도 모르지만 말이다.

굳이 심령술을 끄집어내지 않아도 흔히 "생각하면 이뤄진다."라는 말이 있다. 실제로 그러한 경험을 한 사람들도 적지 않다. 생각함으로써 파동함수를 변화시켰다고 할 수도 있으니 흥미롭지 않은가.

재미있는 이야기를 하나 더 하면 양자역학에는 다음과 같이 과거, 현재, 미래를 설명하는 이론이 있다. 무한한 과거에서 온 파동함수와 무한한 미래에서 온 파동함수가 충돌해 생겨난 존재가 현재라는 것이다. 과거와 미래가 충돌해서 현재가 만들어졌다니 재미있는 발상이 아닌가?

우주는 무(無)에서
만들어졌다

001

광활한 우주를 알기 위해 극소 세계를 들여다보다

소립자 탐구는 우주의 고고학

소립자의 세계를 탐구하는 일은 우주가 태어난 순간을 탐구하는 것과 같다. 미시 세계를 탐구하면 할수록 우주가 갓 태어난 초기 모습이 어떠했는지 알 수 있다. 갓 탄생한 순간의 우주는 우리가 상상할 수 없을 만큼 작았기 때문이다.

이것은 고고학을 연구하는 것과 비슷하다. 고고학에서는 먼 과거를 탐구할수록 점점 더 깊이 파내야 한다. 100만 년 전의 유적을 발굴하려면 1만 년 전의 유적보다 더 깊이 땅속을 파내려 가야 한다.

우주의 역사를 탐구할 때도 마찬가지다. 더 작은 것, 더 미시적인 물질의 세계를 탐구해야 우주의 근원에 다다갈 수 있다. 더 이상 작아질 수 없는 시점에 다다랐을 때 우주가 탄생했을 때의 모습이 드

러난다.

생각해 보면 참으로 불가사의한 일이다. 우주란 그야말로 거시 세계를 상징하는 존재이다. 은하계의 지름이 약 10만 광년이며 안드로메다 은하까지의 거리가 236만 광년, 지구에서 가장 먼 천체까지의 거리가 120억 광년이다. 이처럼 아득한 우주 공간이 얼마나 큰지 쉽게 상상할 수 있겠는가. 참고로 1광년은 빛이 진공 속에서 1초에 30만 킬로미터의 속도로 1년 동안 나아가는 거리로 약 9조 4,607억 3,047만 2,580km이다. 그런데 그토록 거대한 우주의 정체를 알아내기 위해 우리는 미시 세계의 상징인 소립자로 눈을 돌려야 한다.

초끈이론에서 추정하는 물질의 최소 단위인 '끈'의 크기는 10^{-35}m

이다. 실제 숫자로 나타내면 0.000000000000000000000000000000000001m가 된다.

하지만 거시 세계의 상징인 우주와 미시 세계의 상징인 소립자는 분명 연결되어 있다. '시간의 흐름'만 제외하면 완전히 일치한다. 그야말로 우주 최대의 불가사의이다.

✸ 우주는 빅뱅 이전에 탄생했다

초끈이론은 물질의 최소 단위와 우주에 작용하는 힘을 밝혀내는 이론이지만, 깊이 파고들수록 필연적으로 우주가 탄생했을 무렵의 모습을 알게 된다.

초끈이론에 따르면 갓 태어난 초기(한순간이라고도 표현하지 못할 만큼 짧은 순간이다) 우주는 10차원 시공이었다. 하지만 태어난 지 10^{-44}초 만에 우주는 4차원과 6차원으로 분리되었다. 그리고 이렇게 분리된 순간을 '빅뱅'이라고 한다. 종종 빅뱅으로 우주가 탄생했다고 생각하는데, 아주 잠깐이지만 빅뱅 이전에 이미 10차원 시공의 우주가 존재했었다.

다만 10차원 시공의 우주는 지극히 불안정해서 빅뱅으로 4차원과 6차원으로 분리된 뒤에야 안정을 찾았다. 이때 4차원 시공이 급격히 팽창하면서 지금과 같은 우주의 모습으로 바뀌었다.

그렇다면 6차원은 대체 어디로 갔을까? 부스러기가 되어 흔적도 없이 사라진 것일까? 사실 6차원은 분리된 순간의 작은 형태 그대로 우주에 존재한다. 너무 작아서 4차원 시공에 사는 우리가 인식하지 못할 뿐이다. 6차원은 4차원 우주에 휘말려 들어가 눈에 보이지 않는 형태로 존재한다.

우주가 탄생한 직후 극히 짧은 순간을 설명하고 있는 초끈이론은 지금까지 다섯 가지 모델이 알려져 있다. 수학이나 물리학에서는 한 가지 이론으로 다양한 현상을 설명하는 것을 이상적인 것으로 여긴다. 과학자들이 하나의 궁극적인 이론이나 이상적인 법칙을 찾아내기 위해 그토록 머리를 짜내고 고심하는 것도 바로 그 때문이다.

물리학자들은 초끈이론의 다섯 가지 모델을 가능한 한 하나로 통일하려 했고 그때 등장한 이론이 'M이론'이다. 'M'에는 여러 가지 의미가 있다. 미스터리(mystery, 수수께끼), 멤브레인(membrane, 막), 매트릭스(matrix, 모체), 또 모든 이론의 어머니(Mother)라는 의미도 있다. 말하자면 초끈이론의 다섯 아이를 잉태해 낳은 것이 M이론이다.

초끈이론에서 우주는 4차원과 6차원이 더해져 10차원이지만 M이론에서는 1차원이 더 늘어난 11차원이다. 또한 초끈이론에서는 소립자를 1차원의 끈으로 간주하지만 M이론에서는 2차원의 막이나 면으로 인식해, 막 상태의 물체가 진동함으로써 다양한 소립자를 만들어 낸다고 추정한다.

✿ 우주의 나이는 137억 살

M이론 역시 필연적으로 우주의 기원을 설명하고 있다. M이론에 따르면 모 우주(Mother Universe)가 있어서 이 모 우주가 우주를 낳았다고 한다. 이것이 우주 탄생의 기원인데 이때가 137억 년($\pm$2억 년) 전이라는 것이다. 태어난 순간 우주의 크기는 10^{-35}m였고 10^{-44}

초 뒤에 빅뱅이 일어났다.

그렇다면 우주의 나이가 137억 살이라는 사실을 어떻게 알아냈을까? 우주의 나이는 우주배경복사라는 물질을 관측함으로써 밝혀낸 것이다. 우주배경복사는 빅뱅 이론을 처음으로 주장한 조지 가모(George Anthony Gamow) 등이 1940년대에 예언한 물질로, 1965년 미국 벨 연구소에서 근무하던 연구원 펜지어스(Arno Allan Penzias)와 윌슨(Robert Woodraw Wilson)이 우연히 발견했다. 안테나 잡음을 줄이는 방법을 연구하던 두 사람은 안테나를 어느 방향으로 돌려도 어김없이 들어오는 전파가 있다는 것을 알게 되었다. 모든 방향에서 같은 강도로 감지되는 그 전파는 후에 우주물리학자들의 조언으로 빅뱅의 잔재인 우주배경복사라는 사실이 밝혀졌다.

우연히 우주배경복사를 발견한 두 사람은 1978년 노벨 물리학상을 수상했다. 여담이지만 노벨상은 이처럼 이론보다는 발견이나 실험을 통해 확인한 사실에 더 중점을 두고 평가한다.

지금도 빅뱅 이론에 회의적인 학자들이 있지만, 우주배경복사가 존재하는 이유를 설명하려면 역시 빅뱅이 발생했다고 보는 것이 우주물리학자들의 공통된 의견이다.

이후에도 우주배경복사는 계속 관측되었다. 2001년 나사(NASA, 미국 항공 우주국)가 쏘아 올린 WMAP* 위성을 통해 관측한 결과, 우주의 나이는 137억 살로 추정되며 갓 태어난 우주의 크기는 10^{-35}m

---

* WMAP(Wilkinson Microwave Anisotropy Probe) : 윌킨슨 극초단파 비등방성 탐사선으로 우주배경복사를 관측하고 있다.

였다고 한다. 이 밖에 지금까지 알려진 우주를 구성하는 물질과 에너지는 겨우 4%뿐이라는 사실도 밝혀졌으며, 나머지 96%는 암흑에너지(dark energy)라고 불리며 여전히 베일에 싸여 있다.

그나저나 10^{-35}m의 극소 우주가 빅뱅 이후 팽창하기 시작해 지금의 어마어마한 우주가 됐다고 하니 생각만 해도 머리가 아찔하다.

✸ 곡률에 따라 변하는 우주의 성장 모델

우주가 계속 팽창한다는 사실은 허블 우주 망원경으로 이름을 남긴 허블(Edwin P. Hubble, 1889~1953)의 관측으로 밝혀졌다. 허블은 멀리 떨어진 은하가 지구에서 멀어지는 속도를 관측해 우주가 팽창하는 중이라고 주장했다.

우주가 어떻게 성장하는가에 대한 모델을 제시한 사람은 아인슈타인이다. 1915년 아인슈타인이 발표한 일반상대성이론에 등장하는 R＝T라는 중력장 방정식을 풀어 보면 우주의 성장 모델을 알 수 있다.

우주의 성장 모델은 R(곡률)에 따라 세 가지를 생각해 볼 수 있다.

우선 R이 양수일 경우 우주는 닫힌 공간으로 영원히 팽창한다. R이 0일 경우 우주는 평탄하며 역시 계속 팽창한다. R이 음수일 경우 우주는 열린 공간으로 어느 정도 팽창하다 다시 수축해 결국 무차원인 영점(zero point)이 된다. 이것이 바로 대붕괴(Big Crunch)라는 개념으로 천문학에서 우주의 종말을 나타내는 말이다. 지금까지 관측된 자료에 따르면 R은 0, 즉 우주는 평탄하며 계속 팽창하는 중이다.

우주는 탄생 직후 극히 짧은 순간에도 지금과 같은 구조와 물질로 이루어져 있었을 가능성이 높다. 빅뱅 이론을 주장한 조지 가모는 탄생 직후에 초고온 상태가 된 우주는 온도가 단숨에 떨어지면서 상변화(相變化 : 예를 들어 물이 얼음이 되는 현상)를 일으켰다고 주장했다.

현재 우주물리학에서는 우주 탄생 직후에 급팽창(inflation)이라고 할 만한 현상이 일어나면서 한 번에 다양한 물질이 생겨난 것으로 보는 견해가 지배적이다.

그 밖에 우주에서 불가사의한 현상 중 하나가 별의 분포 밀도이다. 우주에 떠 있는 수많은 별들은 일정하게 분포되어 있는 것이 아니라 별들이 밀집한 곳이 있는가 하면 드문드문 흩어진 곳도 있다. 이러한 현상은 빅뱅을 포함해 우주가 탄생한 직후 일어난 혼돈과

무질서의 잔재로 추측되고 있다. 또 블랙홀도 이러한 현상과 관련이 있을 것으로 보인다.

✿ 우주 어딘가에 존재하는 마이너스 에너지

앞으로 우주가 어떻게 변화할지는 온통 수수께끼투성이이다. 지금으로서는 그렇게 될 것이라고 추측할 뿐 생각지도 못한 새로운 사실이 발견될 때마다 우주의 미래가 바뀐다.

대붕괴는 일어나지 않을 것이라는 의견이 지배적이지만 확신할 방법은 없다. 빅뱅이 있었으니 대붕괴도 발생할지 모를 일이다. 또 빅뱅은 한 번이 아니라 몇 번에 걸쳐 일어났다거나 빅뱅과 대붕괴가 반복되어 왔다는 주장도 있다.

우주의 과거, 현재, 미래에 대해 재미있는 시점을 제공해 주는 것이 바로 '제로(0)'이다. 우주는 0에서 탄생했다. 무(無)에서 만들어졌으니 우주에 넘쳐나는 에너지를 제하여 0으로 만드는 마이너스 에너지가 어딘가에 있으리라. 에너지 보존 법칙*에 따라 플러스 마이너스 0이 아니면 계산의 결과가 맞지 않는다.

하지만 마이너스 에너지는 아직 발견되지 않았다. 암흑 에너지 혹은 암흑 물질(dark matter)로 불리는 미지의 물질에 해답이 있을 것으로 추측하는 학자들도 있다.

---

* 에너지 보존 법칙 : 에너지의 형태가 바뀌거나 한 물체에서 다른 물체로 에너지가 옮겨 가더라도 에너지 총량은 변함없이 항상 일정하며, 무(無)에서는 에너지를 창조할 수 없다는 물리학의 근본 원리이다.

6

무한으로 연결된
우주와 수(數)

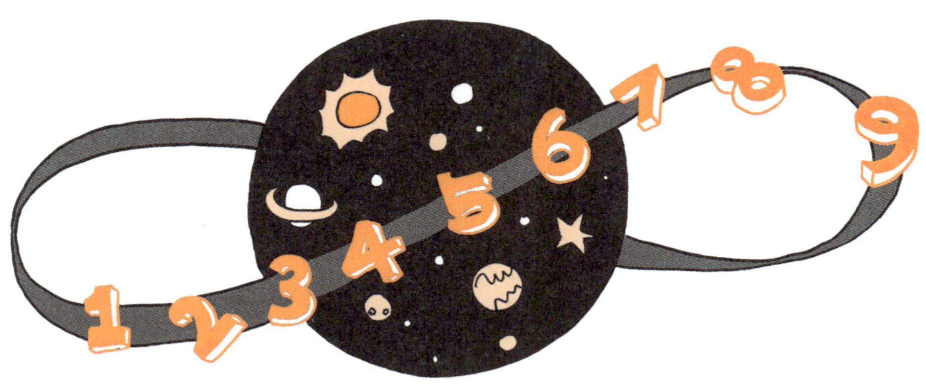

001

✺ 우주 탐구는 무한을 탐구하는 일

우주라는 말을 들으면 어떤 것들이 떠오르는가. 별, 은하수, 로켓, 아폴로 계획, 우주 왕복선, 우주 식량, 진공 상태, 가가린 우주 센터, 공상 과학, 우주 정거장, 빅뱅, 블랙홀, 천체망원경 등 사람마다 우주에 대해 다른 이미지를 가지고 있을 것이다.

우주에 대해 생각할 때 '무한'이라는 단어를 떠올리는 사람도 적지 않을 것이다. 어디가 끝인지도 모를 만큼 아득하게 펼쳐진 우주는 그야말로 무한의 상징이다.

이 책에서 다루고 있는 것이 수학이라는 수단으로 우주를 생각하는 것이다. 멀리 갈 필요 없이 지금 자신이 있는 그곳에서 우주를 생각하는 것, 그것이 내가 말하는 우주 제패의 진정한 의미이다. 미사일 망을 펼쳐 우주 공간을 지배하거나 어마어마하게 많은 돈이 드는 우주 비행에 대해 이야기하는 것이 아니다.

인간이 가진 최고의 능력인 상상력을 총동원해 수학이라는 언어로 우주가 어떤 모습이며 무엇으로 이루어져 있는지 알아보는 것, 그것이 바로 우리의 진정한 목적이다.

수학으로 우주를 파악하고자 할 때 먼저 알아야 할 것이 '수'와 '형태'이다. 우주를 연구하는 학문인 천문학은 달리 말하면 우주의 기하학이라고 할 수 있다. 그렇다면 수는 우주와 어떤 관련이 있을까. 바로 무한한 우주라고 할 때의 '무한'과 관련이 있다. 무한을 생각하려면 수를 생각해야 한다. 수야말로 무한의 세계를 엿볼 수 있는 영역이며, 무한에 접근하려면 반드시 수라는 이동 수단이 필요하다.

✿ 대부분의 현상은 수량화할 수 있다

형태는 구체적인 모양을 가지고 있다. 물론 이제까지 살펴본 위상기하학이나 리만 기하학과 같은 이론들은 상당히 난해한 데다 일상생활을 하는 데는 굳이 필요 없는 지식이니 이것에 대해 뚜렷한 이미지를 떠올리는 사람은 많지 않을 것이다. 그러나 삼각형이나 정육면체, 원, 구 등은 구체적인 이미지를 떠올릴 수 있다.

그에 반해 수는 형태에 비하면 상당히 추상적이다. 1, 2, 3, 4, 5…… 이런 수가 왜 추상적일까? 예를 들어 "커피 잔이 여기에 있다.", "도넛이 거기에 있다."와 같이 "1이 여기 있다.", "2가 거기 있다."라고 말할 수는 없다. 또 1시의 1과 한 시간의 1은 같은 1일까?

애초에 1과 2라는 숫자는 어떻게 만들어진 것일까? 이렇게 생각하다 보면 수는 지극히 추상적이라고 표현할 수밖에 없다. 이것이 수의 개념이다.

그런데 신기하게도 이처럼 추상적인 수를 이용해 실로 다양한 현상들을 설명할 수 있다. 우리가 오감으로 느끼는 것도 대부분 수로 표현할 수 있다. 물론 이것 또한 추상적이기에 가능한 일이다.

예를 들어 눈으로 볼 수 있는 가시광선은 대략 350~800nm(나노미터)의 파장을 가지고 있다. 인간의 귀로 들을 수 있는 영역은 약 20~2만Hz(헤르츠)이며, 덥고 추운 정도를 표현할 때 온도를 이용한다. 지금은 가전제품에 가까운 컴퓨터의 모니터에 나타나는 글자나 그림, 음악도 결국 0과 1이라는 숫자로 나타내는 것이다. 우리의 행동 기준이 되는 시간도 숫자로 표시한다.

이처럼 우주의 거의 모든 현상은 추상적인 수를 이용해 수량으로 나타낼 수 있다.

✸ 유한한 현상 속에 숨어 있는 무한

수량화할 수 있다는 것은 무슨 의미일까? 이것은 물질이나 현상을 '유한'한 것으로 파악한다는 뜻이다. 우주에서 볼 수 있는(관측할 수 있는) 것은 모두 유한한 값으로 표시할 수 있다. 계량기의 숫자는 반드시 어딘가에서 멈춘다.

신의 배려라고 해야 할까. 신은 무한이라는 존재를 우리 앞에 그냥 내던져 놓지는 않은 듯하다. 우리가 관측한 결과를 정확하게 유한한 수치나 정수로 표시할 수 있도록 우주를 창조한 것은 아닐까.

예를 들어 어느 것에도 영향을 받지 않으며 절대적으로 유한한 값인 빛의 속도는 초속 2억 9,979만 2,458m이다. 이것은 곧 우주가 유한하다는 의미이다. 그런데 앞에서 우주는 무한의 상징이라고 하지 않았는가. 이 말은 또한 무한을 무한으로 이해할 수 없다는 것을 의미한다. 무한을 설명하려면 반드시 유한한 이론이 필요하다. 유한이 아니면 무한을 이해할 수 없다. 거꾸로 말하면 유한으로밖에 파악하지 못하는 우주의 다양한 현상 속에는 보이지 않는 형태로 무한이 숨어 있다.

무한과 유한, 양쪽을 다 살펴보지 않고서는 우주의 현상을 이해할 수 없다. 지금까지 살펴본 끈이론이나 초끈이론, M이론 역시 무한을 유한으로 파악하려는 시도 중 하나이다.

우주 물질의 최소 단위를 0차원의 점(입자)으로 가정하면 모든 것이 무한대가 되어 결론을 내릴 수 없다. 따라서 1차원의 끈이나 2차원의 막으로 가정함으로써 예외 없이 유한한 답이 나오는 유한한 이론을 만든 것이다.

✵ 무한 상태로는 사물을 생각할 수 없다

수의 세계도 마찬가지다. 무한인 상태로는 수의 세계를 다룰 규칙이나 법칙을 만들지 못한다. "규칙 같은 거 없으면 어때?"라고 생각하면 곤란하다. 여러분의 한 시간과 나의 한 시간이 다르다면 대화를 할 수 있겠는가?

수의 세계에서 무한을 떠올리는 가장 단순한 방법은 자연수를 계속 더하는 것이다.

$$1+2+3+\cdots\cdots=\infty$$

답은 무한대가 되어 이야기는 여기에서 끝이 난다. 그러나 수의 세계에 있는 마술 이론을 이용하면 이 무한대로 끝나는 수식이 유한한 값으로 바뀐다.

$$1+2+3+\cdots\cdots=-\frac{1}{12}$$

1부터 자연수를 계속 더한 값이 $-\frac{1}{12}$ 이라는 사실이 놀랍지 않은가. 하지만 제타함수라는 마법을 쓴다면 가능한 일이다. 어떤 비법이 숨어 있는지는 나중에 공개하겠다.

여기서 반드시 이해하고 넘어가야 할 것은 답이 무한대일 경우에는 이론과 법칙을 세울 수 없다는 점이다. 우리는 이론과 법칙 없이 사물에 대해 생각하거나 이해할 수 없다.

이것은 우리가 일상적으로 사용하는 언어와도 같다. 언어 없이는 사물에 대해 생각할 수 없다. 의식을 하든 안 하든 우리는 언어 세계의 이론과 법칙에 따라 사물을 생각한다.

무한대인 답을 유한한 답으로 변환하는 장치 중 하나가 수의 세계에서는 '제타함수' 이다.

✿ 유한은 무한이라는 바다에 떠 있는 작은 섬

여기서 앞으로 나아가려면 우선 유한과 무한의 개념을 정리해 둘 필요가 있다. 우리는 보통 유한의 저편에 무한이 있다고 생각한다.

또한 유한으로부터 아득히 멀리 떨어진 곳에 무한이 있다고 생각한다. 또는 유한이라는 망망대해에 떠 있는 무인도 같은 존재가 무한이라고 상상한다. 하지만 이런 생각으로는 영원히 무한에 도달하지 못한다.

무한은 까마득히 먼 곳에 있는 것이 아니다. 내가 서 있는 곳 바로 옆에 있으며 끊임없이 유한을 만들어 내고 있다. 다르게 표현하면 무한이라는 거대한 그릇 안에 유한이라는 요소가 담겨 있다. 망망대해는 유한이 아니라 무한이며 무한의 바다에 떠 있는 작은 섬이 바로 유한이다.

그렇다면 이러한 무한에 어떻게 맞서야 할까. 무한에 맞서는 일은 수의 개념을 점점 확장하는 원동력이 된다. 이때 바라보아야 할 것은 유한의 저편에 있는 무한이 아니라 바로 눈앞에 있는, 유한 뒤에 숨어 있는 무한이다.

그런 의미에서 보면 무한을 바라보는 것은 우주를 탐색하는 것과 흡사하다. 끝없이 넓게 펼쳐진 우주가 어떻게 탄생했는지 그 비밀을 파헤치려면 우선 물질의 극소 세계로 발을 내딛어야 한다. 극소 세계를 통해 우리는 갓 탄생했을 때 우주의 크기가 10^{-35}m로 거의 없다고 해도 될 만큼 작은 존재였다는 사실을 알게 되었다.

마찬가지로 수의 세계에서 무한을 탐구할 때 큰 수를 쫓아가는 것은 아무런 의미가 없다. 그보다는 수의 틈새에 주목해야 한다.

'1'은 수이자 수를 표시하는 기호(숫자)이지만 무한대 ∞은 수가 아니다. 이것은 극한을 나타내는 기호에 지나지 않는다. 실수축[*]에서 양수 방향으로 발산하는 상황을 +∞, 음수 방향으로 발산하는 상황을 -∞으로 표시한다.

---

[*] 실수축(實数軸) : 복소수(실수와 허수의 합으로 이루어지는 수) 평면에서 실수를 나타내는 점만으로 이루어진 축을 말하며 일반적인 좌표에서 x축을 실수축, y축을 허수축이라고 한다.

002

✸ 수의 개념을 점점 확장한 인류

'수'라고 했을 때 가장 먼저 떠오르는 것은 1, 2, 3, 4, 5……와 같은 '자연수'이다. 또 m/n(m, n은 정수, n≠0)과 같이 분수로 표시할 수 있는 수가 '유리수'이며, 자연수나 유리수로도 표현할 수 없는 수가 $\sqrt{2}$와 $\sqrt{3}$과 같은 '무리수'이다. 이 수들은 1.41421356……, 1.7320508……과 같이 무한소수가 된다.

이상을 '실수(實數)'라고 하는데, 실수로도 나타내지 못하는 수가 바로 '허수(虛數)'이다. 실수의 제곱은 0 또는 양수가 되지만 허수의 제곱은 −1이 된다.

실수

자연수　　1, 2, 3, 4, 5, 6, 7……

정수　　……, −3, −2, −1, 0, 1, 2, 3, ……

유리수　　$\dfrac{1}{2}, \dfrac{2}{3}, \dfrac{1}{4}, \dfrac{3}{5}$ 등

무리수　　$\sqrt{2}, \sqrt{3}, \sqrt{5}$ 등

허수　　$i^2 = -1,\ i = \sqrt{-1}$

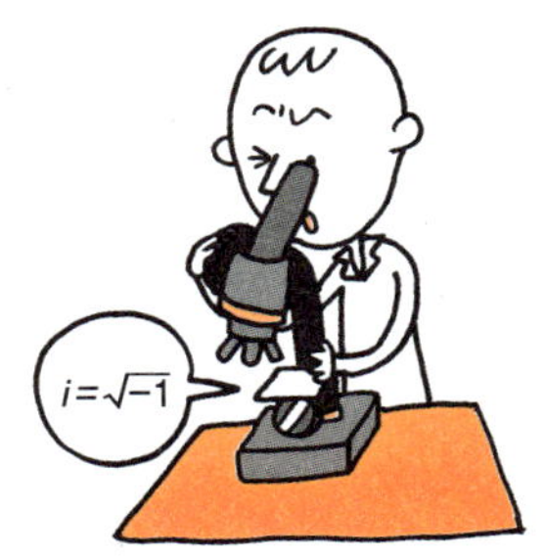

$$i^2 = -1$$

$$i = \sqrt{-1}$$

이처럼 허수는 일반적으로 i라는 기호로 표시한다. i는 허수를 의미하는 영어 'imaginary number'의 머리글자를 딴 것이다.

여담이지만 이것을 왜 허수라고 했을까? '실(實)'에 반대되는 의미로 '허(虛)'라는 글자를 쓴 것이지만 '헛되다', '텅 비다'는 그다지 적절한 의미가 아니다. 영어 단어를 그대로 번역하면 '상상의 수'라고 하는 것이 훨씬 정확한 표현이다.

이처럼 인류는 수의 성질을 연구해 오는 과정에서 여러 가지 수를 발견했다. 천체망원경으로 더 멀리 관측해서 얻은 것이 아니라

현미경 렌즈의 정밀도를 점점 높임으로써 더욱 세밀하게 수를 연구할 수 있었다.

✿ 수의 세계에는 두 가지 종류의 무한이 있다

수를 탐구하는 과정에서 무한에 대한 다양한 사고방식과 개념을 정리하던 인류는 무한에는 두 가지 종류가 있다는 것을 알게 되었다. 그중 하나가 '가산무한(加算無限)'이다. 1, 2, 3……과 같은 자연수가 무한대로 있는 경우를 가산무한이라고 한다. 유리수 m/n도 자연수와 똑같은 개수가 실수축 위에 존재하므로 가산무한개가 있다.

다른 하나는 '비가산무한(非加算無限)'(또는 연속무한)으로, 무리수는 실수축 위에 비가산무한개(또는 연속무한개)가 있다. 간단히 말하면 하나, 둘, 셋 하고 수를 셀 수 있는 무한을 가산무한, 셀 수 없는 무한을 비가산무한이라고 한다.

그렇다면 가산무한과 비가산무한 중 어느 쪽이 더 많을까? 바꿔 말하면 유리수와 무리수 중 어느 쪽이 더 많을까? 유리수가 훨씬 많지 않을까? 그리고 유리수의 작은 틈새를 메우려고 무리수가 존재하는 것은 아닐까?

정답은 무리수가 압도적으로 많다. 가산무한과 비가산무한 똑같이 무한이라는 단어가 들어가지만 비가산무한이 더 밀도가 높고 진한 무한이다. 이처럼 같은 무한이라도 농도와 내용물이 다르다.

무리수는 유리수보다 압도적으로 많고, 비가산무한은 가산무한보다 밀도가 압도적으로 높다. 생각해 보면 우리가 알고 있는 수의 세계는 극히 일부이며 표면적이지 않은가?

여기에서 또 우주와의 유사성(analogy)을 발견할 수 있다. 우리
가 우주에 대해 알고 있는 사실은 실제로 존재하는 것에 비하면 아
주 작은 티끌에 지나지 않는다. 우주가 온통 베일에 싸여 있듯이 수
의 세계 또한 마찬가지다. 무한을 탐구하다 보면 인류의 긴 역사를
통해 알게 된 수의 세계는 극히 일부분에 지나지 않는다는 사실을
깨닫게 된다.

✿ 초월수는 어디에서 온 것일까?

불가사의함으로 뒤덮인 수의 세계에서도 수수께끼의 대표 주자
로 손꼽히는 것이 원주율(π)과 자연로그[*]의 밑 e(네이피어수)이다.

$\pi=3.14159265\cdots\cdots$, $e=2.71828\cdots\cdots$로 무한소수에 가까운 무
리수인데, 둘 다 방정식의 해(解)가 되는 경우가 없다는 의미로 '초
월수'라고 한다. 참고로 유리수는 모든 방정식의 해가 된다.

π, e라는 문자만 봐도 어딘가 무한으로 통하는 듯한 힘이 느껴진
다. 방정식의 해가 되지 않는다는 것은 어디서 왔는지 모를 출처불
명의 수라는 의미이다.

$\sqrt{2}$도 $1.41421356\cdots\cdots$로 끝없이 계속되는 무리수이지만 초월수
는 아니다. $X^2=2$라는 방정식이 있기 때문인데, 이 방정식의 해 중
하나가 $\sqrt{2}$이다. 이처럼 방정식의 해가 되는 수를 '대수적 수'라고
한다.

그렇다면 대수적 수와 초월수 중 어느 쪽이 더 많을까? 이번에도

---

[*] 자연로그(natural logarithm) : 실수 e를 밑으로 하는 로그로 log x라고 쓴다.

대수적 수의 틈새 곳곳에 초월수가 섞여 있을 것 같지만, 실제로는 초월수가 훨씬 더 많다. 대수적 수는 가산무한개, 초월수는 비가산 무한개 있다. 수학자들조차 놀란 이 사실을 증명한 사람이 독일의 수학자 칸토어(Georg Cantor, 1845~1918)이다. 더 놀라운 사실은 압도적으로 많은 것으로 밝혀진 초월수가 좀처럼 발견되지 않는다는 점이다.

말하자면 그 수가 초월수인지 아닌지를 판단하기가 상당히 어렵다는 것이다. 예를 들어 e와 π는 초월수이다. 그렇다면 e^π도 초월수일까? 참으로 난감하기 짝이 없는 문제이다.

✿ 원주율의 신비한 매력

초월수인 π만큼 불가사의한 수도 없다. π에 대해 논하려면 책 몇 권을 써야 할 정도다. π에 푹 빠진 나머지 순탄하지 못한 삶을 산 수학자들도 셀 수 없이 많다.

간단하게 말하면 원주율 π는 원주의 길이와 그 지름의 비, 즉 원주의 길이를 원의 지름으로 나눴을 때 얻는 값(약 3.14)이다.

참고로 π가 3이면 정육각형, 4이면 정사각형이 된다. 3과 4 사이이면서 3에 가까운 미묘한 수이기에 원이 완성되니 신기하지 않은가.

원주율을 구하는 공식에는 몇 가지가 있다.

월리스의 공식

$$\frac{\pi}{2} = \frac{2}{1} \times \frac{2}{3} \times \frac{4}{3} \times \frac{4}{5} \times \frac{6}{5} \times \frac{6}{7} \times \frac{8}{7} \times \cdots\cdots$$

$$\frac{\pi}{4} = 1 - \frac{1}{3} + \frac{1}{5} - \frac{1}{7} + \frac{1}{9} - \frac{1}{11} + \cdots\cdots$$

이 두 가지 공식은 숫자의 나열이 아름답기로도 유명하다. 이것 역시 π가 지닌 신비한 매력 때문인데, 이 π를 몇 자리까지 구할 수 있는지를 두고 경쟁이 붙기도 한다.

지금까지 최고의 기록은 슈퍼 컴퓨터를 사용해 구한 값으로 공식 기록은 약 1조 2,411억 자리이다.

* 비에트(François Viéte, 1540~1604)

$$\frac{2}{\pi}=\sqrt{\frac{1}{2}}\sqrt{\frac{1}{2}+\frac{1}{2}\sqrt{\frac{1}{2}}}\sqrt{\frac{1}{2}+\frac{1}{2}\sqrt{\frac{1}{2}+\frac{1}{2}\sqrt{\frac{1}{2}}}}\cdots\cdots$$

* 월리스(John Wallis, 1616~1703)

$$\frac{\pi}{2}=\frac{2}{1}\times\frac{2}{3}\times\frac{4}{3}\times\frac{4}{5}\times\frac{6}{5}\times\frac{6}{7}\times\frac{8}{7}\times\frac{8}{9}\cdots\cdots$$

* 라이프니츠(Gottfried W. Leibniz, 1646~1716)

$$\frac{\pi}{4}=1-\frac{1}{3}+\frac{1}{5}-\frac{1}{7}+\frac{1}{9}-\frac{1}{11}+\cdots\cdots$$

* 오일러(Leonhard Euler, 1707~1783)

$$\frac{\pi^{2}}{6}=1+\frac{1}{2^{2}}+\frac{1}{3^{2}}+\frac{1}{4^{2}}+\frac{1}{5^{2}}+\cdots\cdots$$

$$\frac{\pi^{4}}{90}=1+\frac{1}{2^{4}}+\frac{1}{3^{4}}+\frac{1}{4^{4}}+\frac{1}{5^{4}}+\cdots\cdots$$

✺ 우리는 무한 덕분에 존재한다

π 덕분에 세상에 태어난 원은 우리에게 무한의 세계를 살짝 보여 준다. 원은 곡선이지만 무한히 작게 보면 직선이 된다. 이것이 '미분'의 본래 의미이다. 미분은 고등학교 수학 시간에 성가신 공식으로 학생들을 골치 아프게 한 주범이지만, 본래의 의미를 알고 나면 좀 더 쉽게 다가갈 수 있다.

원뿐 아니라 파도 모양의 곡선도 한 점과 같이 아주 좁은 범위에서는 직선으로 보이는데, 이것이 미분이다. 곡선을 무한히 잘게 쪼갰을 때 직선이 된다면 곡선은 직선으로 이루어졌음을 의미한다.

마찬가지로 수를 무한히 작게 나누면 마지막에는 정수(定數)라는 유한이 나타난다. 다시 말해 무한을 보면 사물이나 현상을 만들어 내는 원인과 그것을 이루고 있는 구조를 알게 된다. '미분한다'란 원래 "원인을 찾는다.", "현상을 이루고 있는 하부 구조를 찾아낸다."는 뜻이다.

그러한 미분적 시야로 우리가 존재하고 있는 세상을 바라보면 이 세상을 밑에서 받치고 있는 계층 구조를 볼 수 있다.

우리가 사는 세계를 n차원이라고 한다면 그 밑에서 n−1차원이 n차원을 떠받치고, n−1차원 밑에는 n−2차원이, 또 그 밑에는 n−3차원, n−4차원으로 계층 구조가 이어진다. 이 모든 계층 구조가 우리가 존재하는 n차원을 만들어 낸다.

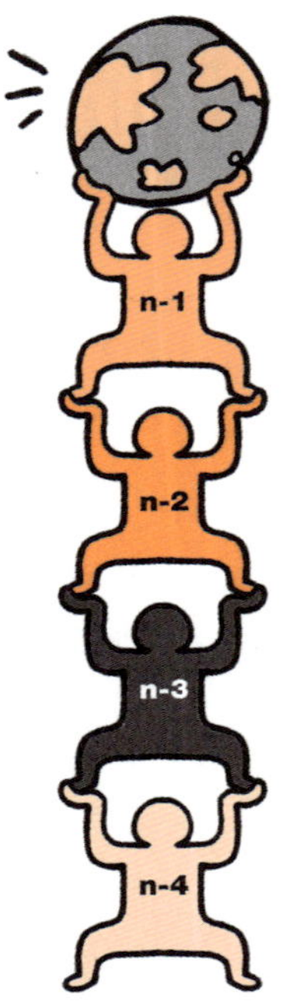

π는 가장 기본적인 도형 원에 숨어 있는 수이기는 하지만 아직까지 그 정체가 밝혀지지 않았다. 수학자 데이비드 처드노프스키(David Chudnovsky)는 'π를 탐구하는 일은 우주를 탐색하는 일'이라고 했다. 대부분의 수학 공식과 물리학 공식에 등장하는 π에 우주의 수수께끼가 감춰져 있는지도 모른다.

π의 수수께끼를 연구하는 수학자인 데이비드 처드노프스키와 그레고리 처드노프스키(Gregory Chudnovsky) 형제는 1994년에 π를

소수점 이하 40억 자리까지 계산해 원주율 계산에 있어 세계 기록을 세웠다. 그때 사용한 공식은 1914년 인도의 천재 수학자 라마누잔(Srinivasa Ramanujan, 1887~1920)이 발표한 다음의 원주율 공식을 개량한 것이었다.

$$\pi = \cfrac{1}{\cfrac{2\sqrt{2}}{9801} \sum\limits_{n=0}^{\infty} \cfrac{(4n)!}{\{(4^n) \cdot (n!)\}^4} \cdot \cfrac{26390n+1103}{99^{4n}}}$$

브라만(성직자 계층) 계층에서 태어난 라마누잔은 독학으로 수학을 연구한 인물이다. 무한계수 이론에 심취해 있던 그는 원주율 공식을 상당수 발견했다. "수학이란 무엇인가?"라는 물음에 라마누잔은 이렇게 대답했다. "신의 사색을 표현하지 않는 방정식은 나에게 무의미하다."

아무래도 대부분의 수학자들은 닫힌 형태(원)에 들어 있는 심오한 수(π)의 매력에 푹 빠질 수밖에 없는 듯하다.

'1'에 도달하기 위한 여행

001

✿ 수의 근원은 소수

수학으로 우주를 제패하고자 나선 여행도 이제 마지막 지점에 다다랐다. 여기까지 읽은 독자라면 수학과 우주가 정말 닮은꼴이라는 사실을 깨달았을 것이다. 우주의 모습과 구조를 이해하고 설명할 때 반드시 필요한 언어가 바로 수학이다. 그야말로 떼려야 뗄 수 없는 관계가 바로 우주와 수학이다.

우주 제패 여행의 마지막 장소를 가기 위해 처음에 등장했던 피타고라스를 다시 불러 길 안내를 부탁해 보자. 이미 눈치 챘겠지만 최후의 목적지를 알리는 표지판에는 너무나 유명한 문구가 적혀 있다.

'만물은 수'

여기에서 말하는 만물이란 우주에 존재하는 모든 물질과 현상,

즉 우주 그 자체라 해도 될 것이다. 따라서 '우주의 근원은 수'라고 바꿔 말해도 틀린 말이 아니다.

지금까지 여행을 하면서 우주의 근원인 소립자를 살펴보았는데, 여기서 핵심은 글자에 매몰되어 소립자를 '입자'로 파악해서는 안 된다는 점이다. 다만 진동하는 '끈'이 다양한 소립자를 만들어 내는 것이다.

그렇다면 수의 근원은 무엇일까? 물질의 최소 단위인 소립자에 해당하는 것이 수의 세계에서는 '소수(素數, prime number)'이다. 수, 그중에서 우리에게 가장 친숙한 자연수(1, 2, 3, 4, 5……)의 기원을 더듬어 올라가 보면 모든 자연수가 소수로 이루어져 있다는 것을 발견하게 된다. 소수란 익히 알고 있듯이 1은 제외하고, 1과 자기 자신만으로 나누어지는 1보다 큰 자연수를 말한다.

$$2, 3, 5, 7, 11, 13, 17, 19, 23, 29, 31, 37, 41, 43,$$
$$47, 53, 59, 61, 67, 71, 73, 79, 83, 89, 97$$

이상은 1부터 100까지 자연수 중에 소수만을 뽑은 것이다. 소수가 수(자연수)의 근원이라고 한 이유는 소수의 곱으로 자연수를 표현할 수 있기 때문이다. 즉 소수가 모든 자연수를 만들어 내는 것이다.

$$12 = 2 \times 2 \times 3$$
$$94 = 2 \times 47$$
$$210 = 2 \times 3 \times 5 \times 7$$

이처럼 모든 자연수는 소수로 이루어져 있으며 소수를 파악하는 것은 곧 자연수 전체를 파악하는 것과 같다.

무엇보다 중요한 점은 소수는 무한히 존재한다는 사실이다. 이러한 사실은 기원전 3세기경 유클리드의 『원론』에서 증명되었다.

✿ 끝나지 않은 소수 찾기 여행

소수가 어디에 있으며 어떻게 분포되어 있는지를 생각한 사람 중 하나가 천재 수학자 가우스이다. 가우스는 십대 때 이미 여기저기서 나타나는 신출귀몰한 소수가 어떠한 법칙으로 분포되어 있는지를 발견했다. 1부터 1,000 사이에 있는 소수를 관찰해 1~n 사이에 포함된 소수의 개수 $\pi(x)$에 착안해 만든 것이 소수의 리듬, 즉 소수가 표현하는 템포라고 할 수 있는 '소수정리'이다.

$$\pi(x) = \lim_{x \to \infty} \frac{x}{\log x}$$

소수정리에서는 n이 크면 클수록 참값에 가까워진다. 현재까지 알려진 최대 소수는 2006년에 발견된 $2^{32582657}-1$이다. 이것은 무려 980만 8,358자리나 되는 엄청난 수이다.

지금도 어디에선가 누군가가 사상 최대 자리의 소수 찾기를 하고 있지만 1년에 겨우 한 개 발견될까 말까 할 정도다.

수의 세계에서 벌어지는 소수 찾기와 물질 세계에서 벌어지는 소립자 찾기는 어딘가 비슷해 보인다. 둘 다 금이나 다이아몬드 광맥을 발견하는 일과 같다. 그저 어림짐작으로 파 내려가 봐야 광맥을

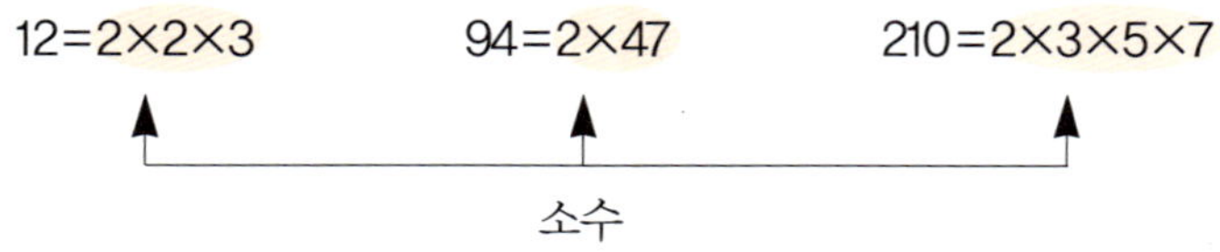

$$12=2\times2\times3 \qquad 94=2\times47 \qquad 210=2\times3\times5\times7$$

소수

1부터 100 사이에 있는 소수

2, 3, 5, 7, 11, 13, 17, 19, 23, 29,
31, 37, 41, 43, 47, 53, 59, 61, 67,
71, 73, 79, 83, 89, 97

지금까지 발견된 최대 소수는,
$2^{32582657}-1$ (2006년에 발견)
무려 980만 8,358자리!

지금도 소수 찾기 여행은 끝나지 않았다.

찾을 확률은 거의 없다.

지형과 지질을 살펴본 뒤에 광맥을 찾듯이 소수 찾기 역시 어느 정도 목표 지점을 정해 두고 시작해야 한다. 소수가 있을 만한 지점을 추적할 때는 슈퍼 컴퓨터를 이용해 산출한다.

우스갯소리 같지만 정작 열심히 소수 찾기에 몰두하는 사람들은 석유 탐사 기업의 연구자들이다. 그들은 방대한 데이터를 슈퍼 컴퓨터로 분석해 석유가 있을 만한 장소를 탐색하는데, 사용하지 않는 컴퓨터가 생기면 소수 찾기를 한다고 한다.

앞에 나열한 1부터 100까지 자연수에 포함된 소수들을 가만히 살펴보면 수가 커질수록 소수가 나타나는 빈도가 줄어든다. 그저 어쩌다 툭 튀어나오는 정도인데 여러분도 알고 있듯이 대부분의 수가 2~9로 나누어지기 때문이다. 하지만 분명 1과 자기 자신만으로 나누어지는 소수가 존재한다. 그것도 무한히 말이다.

✸ 소수의 수수께끼에 접근한 리만 가설

가우스에 이어 소수 분포의 수수께끼에 도전한 사람이 리만이다. 그 수수께끼에 접근하는 열쇠가 바로 수학 역사상 최고의 난제로 알려진 '리만 가설'[*]이다.

$$\zeta(s)=0\text{의 자명하지 않은 } s\text{에 대해}$$
$$s=\frac{1}{2}+it\text{가 성립한다.}$$
$$(i\text{는 허수}, t\text{는 실수})$$

1859년에 등장한 이 리만 가설은 지금까지도 해명되지 않고 있다. 그런데 만일 옳다는 것이 증명되면 엄청난 문제가 발생한다. 지금 사용하고 있는 군사 암호 시스템이나 컴퓨터 보안 시스템은 사실 소수를 기반으로 구축된 것이다.

리만 가설은 소수가 어떠한 규칙을 가지고 분포하는가를 밝히기 위한 수학 공식이므로, 리만 가설이 풀린다면 지금 사용하고 있는 암호 시스템과 인터넷상의 보안 시스템은 모두 쓸모없게 될 수도

---

[*] 리만 가설 : 리만이 주장한 제타함수에 대한 사실들 중 한 가지를 제외하고는, 모두 증명되었다. 그 하나는 제타함수의 영점에 대한 추측으로 리만 가설로 불린다.

있다. 이런 이유 때문인지 리만 가설을 해명하는 데 가장 눈을 번뜩이며 감시하는 곳이 다름 아닌 미국 군사 기관이라는 설도 있다.

✸ 바젤 문제에서 시작된 오일러의 곱셈

리만 가설은 오일러가 남긴 '오일러의 곱셈'을 연구하던 중에 나온 이론이다. 오일러 역시 수학 역사상 위대한 천재 중 한 사람으로 손꼽히는데, 기묘하게도 2007년은 그가 태어난 지 300주년이 되는 해이다. 오일러와 인연이 있는 스위스와 러시아의 상트페테르부르크에서는 오일러 기념 축제가 열리기도 했다.

오일러의 곱셈이란 자연수의 역수의 합과 소수의 역수의 곱이 같다는 것이다. 자연수의 역수의 합은 다음과 같은 수식으로 표현된다.

$$\zeta(s) = \frac{1}{1^s} + \frac{1}{2^s} + \frac{1}{3^s} + \frac{1}{4^s} + \cdots\cdots \sum_{n=1}^{\infty} \frac{1}{n^s}$$

이것이 제타함수다. 소수의 역수의 곱과 같다는 의미는 다음과 같다.

$$\zeta(s) = \frac{1}{1^s} + \frac{1}{2^s} + \frac{1}{3^s} + \frac{1}{4^s} + \cdots\cdots$$

$$= \frac{1}{1 - \frac{1}{2^s}} \times \frac{1}{1 - \frac{1}{3^s}} \times \frac{1}{1 - \frac{1}{5^s}} \times \frac{1}{1 - \frac{1}{7^s}} \cdots\cdots$$

원래 제타함수는 오일러가 '바젤 문제'와 씨름하면서 발견한 것이다. 바젤 문제란 오일러의 스승 요한 베르누이(Johann Bernoulli,

1667~1748)가 풀지 못한 다음의 수식이다.

$$1+\frac{1}{2^2}+\frac{1}{3^2}+\frac{1}{4^2}+\cdots\cdots=?$$

제타함수에 적용하면 $\zeta(2)$의 값을 구할 수 있다. 뉴턴도 끝내 풀지 못한 이 문제를 오일러가 풀었고, 답은 $\frac{\pi^2}{6}$이었다. 이로써 오일러는 일약 유명 인사가 되었고, 이후에도 다음과 같이 s가 짝수일 경우 제타함수 값을 구하는 데 성공했다.

$$\zeta(4)=\frac{\pi^4}{90}$$

$$\zeta(6)=\frac{\pi^6}{945}$$

$$\zeta(8)=\frac{\pi^8}{9450}$$

$$\zeta(10)=\frac{\pi^{10}}{93555}$$

지금은 컴퓨터 덕분에 대수롭지 않게 계산할 수 있을지 모르지만 오일러는 18세기 초에 계산기 하나 없이 이 답을 이끌어 냈으니 정말 놀라운 일이다. 더구나 닥치는 대로 계산한 것이 아니라 이렇게 되지 않을까 하는 예상을 근거로 계산했으니 더욱 놀랍다.

수학에서는 답을 예상하는 직관이 필요하다. 하지만 직관은 천부적인 재능이 아니라 거듭된 훈련을 통해 누구나 습득할 수 있는 능력이다.

✿ 무한을 유한으로 바꾸는 제타함수의 마법

$$1 + \frac{1}{2^2} + \frac{1}{3^2} + \frac{1}{4^2} + \cdots\cdots = ?$$

사실 이 바젤 문제는 그렇게 어려운 수식이 아니다. 단지 자연수를 더하고 곱할 뿐인 지극히 단순한 수식이다. 그런데 그 단순함 속에 엄청난 신비로움이 숨어 있다. 느닷없이 $\frac{\pi^2}{6}$ 이라는 무리수(초월수)가 등장하니 말이다.

제타함수를 실제로 계산할 때는 소수와 허수를 적용할 수 있는데 이때 놀랍게도 무한이 유한이 된다.

$$\zeta(-1) = 1 + 2 + 3 + \cdots\cdots = -\frac{1}{12}$$

이처럼 제타함수를 통해서 보면 얼핏 무한으로 보이는 것 $(1 + 2 + 3 + \cdots\cdots)$ 중에 유한한 값$(-\frac{1}{12})$이 있다는 것을 알 수 있다. 또 아래와 같이 무한이 되어야 할 수식에서 유한한 답이 나온다.

$$\zeta(-2) = 0$$
$$\zeta(-3) = \frac{1}{120}$$

✿ 소립자와 소수의 연결 고리를 증명하는 제타함수

우주는 우리에게 결코 무한을 무한 그대로 드러내지 않는다. 우주의 삼라만상은 전부 유한한 값으로 관측할 수 있다. 만일 무한이 무한 그 자체로 머문다면 과연 우리가 그것을 해명해 낼 수 있겠는가.

거꾸로 보면(유한에서 보면) 유한한 값($-\dfrac{1}{12}$, 0, $\dfrac{1}{120}$)은 무한이 지탱하고 있다. 다시 말해 유한한 값은 무한을 포함하고 있다는 뜻이다.

가장 소중한 것을 가장 신중하게 숨겨 놓듯이 무한은 유한을, 유한은 무한을 서로 감추고 있는데, 이러한 사실을 밝혀낸 것이 바로 제타함수이다. 제타함수를 통해, 즉 소수와 허수의 힘을 빌려 무한에 가려진 유한한 값(정수)을 찾아내고, 유한으로 보이던 것들에 숨어 있는 무한을 발견할 수 있다.

제타함수는 만화영화에 등장하는 은하철도와 같다. 이 열차를 타면 소수와 허수의 불가사의한 세계를 지나 무한역에 도착하게 된다. 하지만 승강장에 내렸을 때는 유한이 마중을 나와 있다.

제타함수의 경이로움은 수의 세계에서만 느낄 수 있는 것이 아니다. 제타함수를 사용하면 물질의 최소 단위와 힘의 통일을 설명하는 초끈이론이 논리적으로 정확히 들어맞는다. 즉 소립자와 소수는 제타함수를 매개체로 연결되어 있는 것이다.

✱ 무한과 싸워 온 수학의 역사

우주를 제패한다는 것은 곧 소수를 제패한다는 것을 뜻하기도 한다. 소수가 분포하는 방식을 정확하게 알 수 있다면 그 이론은 지금 당장 우주물리학에서 소립자를 해명하는 데 도움이 될 것이다. 소수를 모르는 한 우주는 영원히 수수께끼로 남을 수밖에 없다.

문제는 소수가 무한히 존재한다는 사실이다. 지금까지 발견된 최대 소수인 980만 8,358자리까지의 소수조차 극히 일부에 지나지 않는다. 무한이 무한인 까닭이 여기에 있다.

우리는 일상생활에서 쉽게 무한이라는 단어를 내뱉지만 소수를 보면 알 수 있듯이 수의 세계에서 무한은 상상을 초월할 만큼 심오한 것이다. 과연 인류는 무한의 첫 번째 계단이라도 밟은 것일까?

오일러와 가우스, 리만으로 이어지는 20세기 수학은 가히 무한과 싸워 온 역사라고 할 수 있다. 그리고 그 싸움은 우주의 근원을 밝히는 이론과 얽혀 있으니 참으로 불가사의한 일이다.

우주에서 관측되는 모든 정보가 유한하다는 사실은 무한 속에 유한이 숨어 있다는 것을 보여 준다. 우리는 그 무한 속에 숨어 있는 유한을 제타함수를 통해 들여다볼 수 있다.

✸ 현대에 더욱 빛을 발하는 피타고라스

이제 소수를 통해 밝혀진 수의 세계의 구조와 소립자를 통해 밝혀진 우주의 구조가 이론상으로는 거의 같다는 것을 알게 되었을 것이다.

그런 의미에서 피타고라스가 남긴 '만물의 근원은 수' 라는 말은 지금 이 시대에 무엇보다 중요한 의미를 가진다. 이 말은 일찍이 수학자와 철학자가 읊던 과거 유물이 아니라 현재를 살아가는 우리에게 커다란 의미를 던져 준다.

피타고라스가 '만물의 근원은 수' 라는 영감을 떠올리게 된 것은 기하학을 연구할 때였을 것이다. 직각삼각형을 바라보다 세 변의 길이의 비율이 $a^2+b^2=c^2$라는 것을 깨달은 순간이었는지도 모른다.

피타고라스는 음악에도 정통해 도와 솔의 주파수가 3:2의 비율인 피타고라스의 음률을 고안해 냈다. 피타고라스의 음률로 연주하는 화음은 현재 쓰이고 있는 12평균율로 연주하는 화음보다 더 맑게 들린다고 한다. 이처럼 피타고라스는 음악에서도 '만물의 근원은 수' 라는 발상을 펼친 것일까. 그러고 보니 3과 2도 소수이다.

관측할 수 있는 정보가 반드시 유한하다면 그것은 곧 우주에 실체가 있다는 뜻이다. 그러나 실체가 어디에서 비롯됐는지를 탐구하다 보면 어느새 실체라고 부르는 것은 사라지고 없다. 즉 실체란 상당히 한정된 세계에서도 극히 작은 일부분을 차지할 뿐이다.

앞에서도 말했듯이 우리는 가시광선 내에 있는 아주 좁은 범위만 볼 수 있다. 인간이 들을 수 있는 소리도 기껏 해야 2만Hz 정도다. 그러나 강물이 졸졸졸 흐르는 소리라든가 산들거리는 바람 소리와 같은 자연의 소리에는 주파수의 상한이 없다. 우리가 보고 느낄 수 있는 유한한 것 앞에서 무한이 그 모습을 감추고 있다. 어찌 보면 행복한 일인지도 모르지만 안타깝게도 우리는 무한을 무한 그대로 인식하지 못한다. 무한을 끊임없이 유한한 것으로 바꿔야만 이해할 수 있다.

수의 세계나 우주에서 그 작업을 하는 것이 바로 제타함수이다. 오일러가 제창한 제타함수(용어 자체는 리만이 명명했다)를 가지고 수의 세계와 우주를 탐구하다 보면 우리의 오감으로는 감지하지 못하는 영묘하고 섬세한 부분이 보인다.

✺ 1은 마이너스(−), e, i, π에서 태어났다

이제 집중해서 마지막 지점을 보자. 무엇이 보이는가?

1.

마지막 지점에서 우리를 기다리고 있는 것은 바로 '1'이라는 숫자이다.

우주 제패 여행은 이 1이라는 숫자를 향해 지금까지 달려왔다.

우주의 근원과 수수께끼에 접근하는 제타함수와 리만 가설의 열쇠를 쥐고 있는 것도 다름 아닌 1이다.

1이란 무엇일까.

1은 존재를 상징한다. 무엇이 있고 없는가는 결국 1이 결정한다. 한 개라도 있으면 있는 것이고, 한 개도 없다면 없는 것이기 때문이다. 기억을 잘 더듬어 보자. 우주 제패 여행을 시작할 때 수학에서 '모두'와 "(한 개의 ~가) 있다."라는 개념이 무척 중요하다고 강조했다. "(한 개의 ~가) 있다."가 무한과 겹치면서 '모두'가 태어났다. 자연수는 글자 그대로 무한히 존재하지만 그 무한의 첫걸음은 1이다.

1을 만드는 공식은 다음과 같다.

$$e^{i\pi}+1=0$$

이것을 오일러의 공식이라고 부른다. 간결하면 간결할수록 아름다운 공식이라는 평가를 받는데, 그중에 오일러의 공식은 아름다움의 극치를 보여 주는 공식이다. 여기서 e는 네이피어수(자연로그의 밑), i는 허수, π는 원주율이다.

이 공식을 조금 만지작거리면 1이 태어난다.

$$1=-e^{i\pi}$$

이 공식을 보면 1은 마이너스(-)와 e, 그리고 i와 π에서 태어났다는 것을 알 수 있다. 존재(1)를 만들어 내는 것이 마이너스(-), e, i, π라는 것은 미처 알지 못했던 사실일 것이다. 가장 단순해 보이는 1이라는 숫자에 이처럼 엄청난 신비가 숨어 있다니 그저 놀라울 뿐이다.

✵ 수학을 통해 무한을 느끼다

1에 숨어 있는 신비의 정체는 다름 아닌 무한이다. 1이라는 유한 속에 무한이 숨어 있는 것인데, 거꾸로 보면 무한(e와 π는 무한히 계속되는 수)이 유한(1)을 만들어 낸다는 것을 알 수 있다.

우리는 보통 유한의 끝 저 먼 곳에 무한이 있다고 생각한다. 하지만 수학이라는 열차로 여행을 하다 보면 그렇게 멀리까지 갈 필요가 없다는 것을 깨닫게 된다. 무한은 여기저기 사방 곳곳에 있다.

바로 우리 발밑에, 바로 우리 이웃에 있다.

우리는 그야말로 무한 속에 존재하고 있다. 까마득히 먼 곳까지 가지 않아도 주변이 온통 무한으로 둘러싸여 있다. 하지만 삼라만 상이 그렇듯 우주는 우리에게 무한을 그대로 드러내지 않고, 반드 시 유한한 값으로 보여 준다. 무한은 아주 교묘하게 유한 속에 그 모습을 감추고 있다.

따라서 무한을 느끼려면 우선 수학적인 감각을 키워야 한다. 수 학적인 감각을 기르지 않으면 무한 속에 살고 있다는 사실을 영원 히 깨닫지 못한다.

내가 수학을 연구하는 가장 큰 이유도 바로 여기에 있다. 우리가 비록 유한한 존재이기는 하지만 유한한 것밖에 느끼지 못한다면 인 생이 얼마나 따분하겠는가. 수학은 무한을 엿볼 수 있는 불가사의 한 안경이다. 수학이라는 안경을 쓰면 우주가 무한 속에 있다는 사 실과 유한한 값으로만 드러내는 우주의 구조를 볼 수 있다.

수학 역사상 최고의 난제로 불리며 전 세계 최고의 수학자들을 350년간 고민에 빠뜨린 '페르마의 마지막 정리'*가 풀린 것처럼 리만 가설이 증명될 날 또한 반드시 올 것이다. 리만 가설을 증명하 기 위해 애쓰고 있는 존경하는 한 수학자는 앞으로 10년 안에 리만 가설이 풀릴 것이라고 말했다.

리만 가설이 풀리는 것은 소수의 수수께끼가 풀리는 것이자 수의

---

* 페르마의 마지막 정리 : 17세기 아마추어 수학자 피에르 드 페르마(Pierre de Fermat)가 남긴 명제로, 3보다 큰 자연수 n에 대해 $x^n + y^n = z^n$이 되는 0이 아닌 자연수(x, y, z)의 조합이 존재하지 않는다는 내용을 담 고 있다. 1994년 영국의 수학자 앤드루 와일즈(Andrew J. Wiles)가 이것을 증명했다.

비밀이 밝혀지는 것이다. 그렇게 된다면 인류는 새로운 시대를 맞이하게 될 것이다.

하지만 그것으로 끝나지 않는다. 무한은 인류에게 또 다른 새로운 질문을 던질 것이다. 그 물음에 계속 도전하는 것이야말로 인류가 한 걸음 더 진보하는 것이며 인간이 누릴 수 있는 위대한 기쁨이다.

여행의 끝은 새로운 시작

"우주를 제패한다." 이 말을 듣고 한없이 드넓은 창공을 떠올리는 사람이 있는가 하면 인간의 오만함을 느끼는 사람도 있을 것이다. 수와 형태를 다루는 수학은 우리에게 너무나 친숙한 학문이다. 밤하늘에 빛나는 별들은 삼각형을 이루고 천구를 회전하는 별들의 움직임은 천체의 운행 주기, 즉 수로 나타낼 수 있다.

인류는 우주를 바라보면서 자연스럽게 천문학과 기하학 그리고 수학을 만들어 냈다. 길고 긴 시간 동안 인류는 우주를 탐구하면서 머릿속으로 생각하는 '수학'이라는 학문을 이끌어 냈다. 그런 의미에서 수학의 본줄기는 눈앞에 펼쳐진 광활한 우주인 셈이니 우주 제패라는 말은 결코 오만한 표현이 아니다.

하지만 현대에 들어 수학이 발전하면서 오히려 수학이 사람들에게서 멀어졌다. 이런 시점에서 "왜 수학을 연구하는가.", "수학은 무엇 때문에 존재하는가."라는 물음에 대해 진지하게 생각해 보아야 한다. 그리고 이 책에서 나름대로 그 물음에 대한 해답을 제시하려고 했다.

수학으로 우주를 제패한다는 것은 결국 우주와 우리가 하나가 되는 것, 다시 말해 우주와 우리가 하나라는 사실을 확인하는 것이다. 이러한 것을 두고 수학에서는 일대일(1:1) 대응이라고 한다. 무한 부분에서 가산무한을 언급했는데, 가산무한인 자연수와 짝수 사이에 일대일 대응이 성립한다. 따라서 무한의 범주에서 보면 자연수와 짝수의 개수는 같다.

무한을 무한으로 파악하지 못하는 우리는 이러한 개념으로 조금씩 무한을 이해할 수 있다. 기하학에서 점은 위치만 있고 크기가 없으며, 선은 길이만 있을 뿐 폭이 없는 것으로 정의했다. 하지만 크기가 없는 점이 모여 직선이 되면 어떻게 길이라는 0이 아닌 크기를 표현할 수 있을까. 0은 아무리 더해도 0이다. 폭이 없는 직선을 모아 평면을 만들고, 두께가 없는 평면을 모아 입체를 만드는 것도 마찬가지다. 0은 가산무한개를 더해도 0이지만 비가산무한(연속무한)개를 더하면 길이, 면적, 부피가 생긴다.

말이 조금 길어졌지만, 무한히 있을지 모를 우주의 법칙과 우리의 두뇌(뇌세포의 수는 유한개)에서 만들어지는 아이디어 사이에 일대일 대응 관계가 성립한다면 우리로서는 얼마나 큰 기쁨이겠는가.

우리는 우주의 수수께끼라는 끝없는 나선계단에 서 있는지도 모른다. 어디에서 끝날지도 모르는 이 계단을 올라갈 것인가, 아니면 내려갈 것인가? 무모해 보이는 이 수수께끼에 과감히 도전하는 수학자와 물리학자는 참으로 용감한 사람들이다. 수학으로 우주를 이해하는 것을 굳이 우주 제패라는 말로 표현한 것도 바로 그 때문이다.

도전하고자 하는 사람은 미지의 세계로 여행을 떠나 자신의 발자취를 남기고 싶어 한다. 그래서 그들은 상상력이라는 사고 엔진을 총가동해 기꺼이 미지의 세계로 뛰어들어, 용기를 가진 사람만이 다다를 수 있는 신대륙으로 향한다. 신대륙이라는 목적지에 도착한 사람은 또다시 새로운 목적지를 향해 여행을 떠난다. 그리고 수학이라는 언어로 쓴 여행기를 우리에게 보여 준다.

직접 여행에 나설 것인가, 아니면 흥미진진한 여행기를 읽으면서 모험에 도전하는 사람들의 기분을 만끽할 것인가는 각자 선택할 일이다.

그 전에 일단 수학이라는 열차에 올라타 수수께끼로 가득한 우주 여행을 떠나 보자.

2008년 1월 14일
사이언스 내비게이터, 사쿠라이 스스무

수학으로 우주제패

| 펴낸날 | 초판 1쇄 2008년 8월 21일 |
| | 초판 3쇄 2016년 3월 31일 |

지은이	사쿠라이 스스무
옮긴이	정미애
펴낸이	심만수
펴낸곳	(주)살림출판사
출판등록	1989년 11월 1일 제9-210호

주소	경기도 파주시 광인사길 30
전화	031-955-1350　　팩스 031-624-1356
홈페이지	http://www.sallimbooks.com
이메일	book@sallimbooks.com

ISBN 978-89-522-0988-7 43410

살림Math는 (주)살림출판사의 수학·과학 브랜드입니다.

※ 값은 뒤표지에 있습니다.
※ 잘못 만들어진 책은 구입하신 서점에서 바꾸어 드립니다.